U0310681

高等职业教育土建类专业课程改革规划教材

建 筑 抗 震

主编　马桂珍
参编　于奇芳　李　斌　张江萍
主审　张　曦

机 械 工 业 出 版 社

本书是根据《建筑抗震设计规范》（GB 50011—2016）、《建筑工程抗震设防分类标准》（GB 50223—2008）、《混凝土结构设计规范》（GB 50011—2010）及高职高专院校建筑工程技术专业"建筑抗震"课程的教学要求编写的。本书包括 8 个项目，主要内容有地震及结构抗震基本知识、建筑场地与地基基础的抗震设计、地震作用和结构抗震验算、多层砌体房屋抗震设计、钢筋混凝土框架结构房屋抗震设计、钢结构房屋抗震设计、单层钢筋混凝土柱厂房抗震设计、隔震与消能减震设计。每个项目均包括知识目标和能力目标，且附有能力拓展训练题，在多层砌体房屋抗震设计、钢筋混凝土框架结构房屋抗震设计这两个项目中附有设计实例。

本书可供高职高专土建专业师生使用，也可作为从事建筑结构抗震设计和施工等技术人员的参考用书。

为方便教学，本书配套有电子课件和习题答案，凡选用本书作为教材的老师均可登录机工教育服务网 www.cmpedu.com 注册下载。咨询邮箱：cmpgaozhi@sina.com。咨询电话：010-88379375。

图书在版编目（CIP）数据

建筑抗震/马桂珍主编. —北京：机械工业出版
社，2015.2（2018.1 重印）
高等职业教育土建类专业课程改革规划教材
ISBN 978 - 7 - 111 - 49125 - 5

Ⅰ.①建… Ⅱ.①马… Ⅲ.①建筑结构 - 防震设计 -
高等职业教育 - 教材 Ⅳ.①TU352.104

中国版本图书馆 CIP 数据核字（2015）第 002774 号

机械工业出版社（北京市百万庄大街22 号 邮政编码100037）
策划编辑：覃密道 责任编辑：覃密道 陈将浪
版式设计：赵颖喆 责任校对：刘秀丽
责任印制：常天培
北京京丰印刷厂印刷
2018 年 1 月第 1 版·第 2 次印刷
184mm×260mm·10.75 印张·254 千字
3 001—4 900 册
标准书号：ISBN 978 - 7 - 111 - 49125 - 5
定价：30.00 元

前　言

我国东邻环太平洋地震带，南接欧亚地震带，是一个多地震的国家。近年来，我国发生地震的频率较高，且震级偏大，如 2008 年四川汶川地震、2010 年青海玉树地震、2013 年四川雅安地震的震级均在 7 级及以上。我国大部分的城镇和村庄都位于抗震设防区，因此"建筑抗震"课程是高职土建类专业的一门重要课程。

本书是作者在总结多年教学、科研和工程实践经验的基础上，依据《建筑抗震设计规范》（GB 50011—2016）、《混凝土结构设计规范》（GB 50010—2010）等规范编写的。在符合高职院校土木工程专业教学要求的前提下，本书力求内容翔实、通俗易懂、概念清晰、深入浅出。书中附有规范条文，主要项目附有设计实例，且每个项目都附有小结、训练题等内容，方便读者学习。同时，为了实际应用中方便与规范"零距离"对接，本书以不同的字体颜色突出规范原文，并采用规范自身的条例编号及表号，方便读者查找原文。

本书由新疆建设职业技术学院马桂珍任主编（项目一、项目五），参加编写的有甘肃建筑职业技术学院李斌（项目三、项目七），新疆建设职业技术学院于奇芳（项目二、项目四），广东建设职业技术学院张江萍（项目六、项目八）。本书由四川建筑职业技术学院张曦任主审。

限于编者水平，书中难免有疏漏和错误，恳请读者批评指正。

编　者

目　　录

项目一　地震及结构抗震基本知识

【知识目标】

了解地震成因及基本类型、地震活动性及震害；熟悉地震震级、地震烈度、地震基本烈度、抗震设防烈度等有关术语；明确建筑抗震设防的基本依据、目标及分类标准；理解抗震概念设计的基本内容和要求。

【能力目标】

增强防震减灾的意识；掌握抗震概念设计的基本内容和要求。

地震是一种常见的自然现象，是地壳运动的一种表现，即地球内部缓慢积累的能量突然释放而引起的地球表层的振动。据统计，全世界每年发生地震大约 500 万次。其中，绝大多数地震的震级很小，不用灵敏的探测仪器是觉察不到的，这样的小地震约占一年中地震总数的 99%；其余的 1%，约 5 万次，能被人们觉察到。一般情况下，5 级以上的地震能造成破坏，被称为破坏性地震，全世界平均每年发生约 1000 次；7 级以上的地震平均每年 18 次；8 级以上的地震每年发生 1~2 次。为了防御和减轻地震灾害，有必要进行建筑工程结构的抗震分析与抗震设计。

1.1　地震成因及基本类型

1.1.1　地球构造

地球是一个平均半径约为 6400km 的椭球体，至今已有 45 亿年的历史。将地球由地表至地心分为三个不同性质的圈层，即地壳、地幔和地核。

地壳由各种不均匀的岩石组成，平均厚度约为 30km，海洋底下最薄，平均厚度只有几千米；大陆部分居中，一般为 30~40km；而在大山脉下最厚，如我国青藏高原，地壳最厚可达 70km。世界上绝大部分地震都发生在地壳内。

地幔主要由质地非常坚硬、结构比较均匀的橄榄岩组成。据推测，构成地幔的物质具有黏弹性，厚度约为 2900km（即从地表算起接近地球半径一半的深度），占地球全部体积的 5/6。

地核是半径约为 3500km 的球体，可分为内核与外核，据推测，其主要构成物质为铁和镍等。由于至今没有发现有地震横波通过外核，故推断外核可能是液态，而内核可能是固态。

1.1.2 地震的类型及其成因

地震是地球由于内部运动累积的能量突然释放或地壳中空穴顶板陷落等原因,使岩体剧烈振动,并以波的形式向地表传播而引起的地面颠簸和摇晃。

地震按其产生的原因,主要有构造地震、火山地震、陷落地震及人工诱发地震。

构造地震是在构造应力场作用下,岩层突然错动而发生的地震。这类地震数量多、分布广,占地震总数的90%左右。世界上震级大、破坏严重的地震都属于这一类。

火山地震是由火山爆发引起的地震。这类地震数量少,占地震总数的7%左右,主要分布在火山活动带附近。

陷落地震是由地壳中空穴顶板陷落引起的地震。这类地震为数较少,又因其震源浅、能量少,故影响范围也小。

人工诱发地震是由于人类活动,如工业爆破、核爆破、地下抽液、地下注液、采矿、水库蓄水等导致地壳内应力、应变积累的释放而引起的地震。

上述地震中,构造地震破坏作用大、影响范围广,是房屋建筑抗震设防研究的主要对象。

通常认为,地球最外层是由一些巨大的板块组成(图1-1),板块向下延伸的深度为70~100km。由于地幔物质的对流,这些板块一直缓慢地相互运动着。板块的构造运动是构造地震产生的根本原因。地球板块在运动过程中,板块之间的相互作用会使地壳中的岩层发生变形。当这种变形积聚到超过岩石所能承受的程度时,该处岩体就会发生突然断裂或错动,从而引起地震。全球大部分地震带都分布在板块边界上。各板块间的相对运动是造成大地震的主要原因。但也有不少地震是发生在板块内部的,叫做板内地震。由于陆地人口稠密,板内地震造成的人员伤亡和财产损失往往十分巨大。1976年发生在我国的唐山大地震就属于

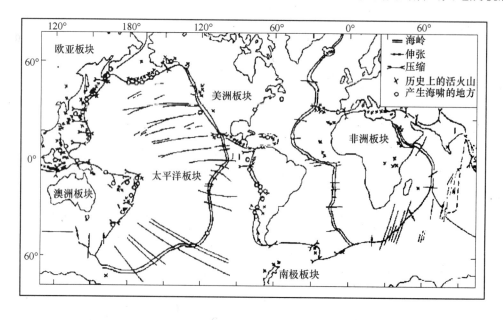

图1-1 地球板块分布示意

板内地震。板内地震的原因目前还不十分清楚。

另外，关于地震的成因，较为重要的假说还有岩浆冲击成因说和相变成因说。

地壳内部断裂错动并引起周围介质振动的部位称为震源。震源正上方的地面位置称为震中。地面某处至震中的水平距离称为震中距。

按震源的深度不同，地震可分为以下三种形式：

（1）浅源地震：震源深度在70km以内，一年中全世界所有的地震释放能量的约85%来自浅源地震。

（2）中源地震：震源深度在70～300km之间，一年中全世界所有的地震释放能量的约12%来自中源地震。

（3）深源地震：震源深度超过300km，一年中全世界所有的地震释放能量的约3%来自深源地震。

1.1.3　地震波

地震时，地下岩体断裂、错动产生振动，并以波的形式从震源向外传播，这就是地震波；在地球内部传播的波称为体波，沿地球表面传播的波称为面波。

体波又分为纵波（P波）和横波（S波）。纵波是由震源向四周传播的压缩波（图1-2a），介质质点的振动方向与波的传播方向一致。纵波一般周期短、振幅小、波速快，引起地面垂直方向上的运动。横波是由震源向四周传播的剪切波（图1-2b），介质质点的振动方向与波的传播方向垂直。横波一般周期较长、振幅较大，引起地面水平方向上的运动。

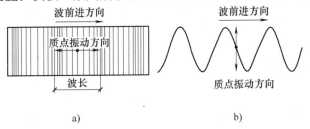

图1-2　体波质点振动形式
a）压缩波　b）剪切波

面波主要有瑞雷波和乐夫波两种。面波是体波经地层界面多次放射、折射形成的次生波。面波的质点振动方向比较复杂，既引起地面水平方向上的运动，又引起地面垂直方向上的运动。面波一般周期长、振幅大，能传播到较远的地方。

地震波的传播速度，纵波最快、横波次之、面波最慢，所以在距震中较远的地方，一般先出现纵波导致的房屋上下颠簸，然后才出现横波和面波导致的房屋左右摇晃及扭动。

1.2　地震强度

1.2.1　地震震级

地震震级是衡量一次地震释放能量大小的尺度，国际上通用里氏震级表示，其定义为：

在距离震中100km处,用标准地震仪(周期0.8s,阻尼系数0.8,放大倍数2800倍)所测定的水平最大地动位移振幅A(以μm为单位)的常用对数值,即

$$M = \lg A \tag{1-1}$$

式中　M——地震震级,一般称为里氏震级;

　　　A——标准地震仪记录的最大振幅(μm)。

例如,在距震中100km处,标准地震仪记录到的最大振幅$A = 1mm = 10^3 \mu m$,则该次地震震级为里氏3级。

地震发生时,距离震中100km处不一定设置了地震仪,且使用的仪器也不尽相同,因此,对实测数据应进行修正。

震级表示一次地震释放能量的多少,也是表示地震大小的指标,所以一次地震只有一个震级。震级与地震释放的能量大小有关,两者的关系如下:

$$\lg E = 1.5M + 11.8 \tag{1-2}$$

式中　E——地震释放的能量(erg)。

由式(1-1)和式(1-2)可知,地震震级相差一级,地面振幅相差约10倍;而地震能量相差约32倍。

一般认为,震级小于2的地震,人们感觉不到,称为微震;2~4级的地震,人有感觉,称为有感地震;5级以上的地震,能引起不同程度的破坏,统称为破坏性地震;7~8级的地震,称为强烈地震或大地震;8级以上的地震称为特大地震。目前,世界上已经记录到的最大地震震级是9级。

1.2.2　地震烈度

地震烈度是指地震引起的地面振动及其影响的强弱程度。一次同样大小的地震,若震源深度、距震中的距离和土质条件等因素不同,则对地面和建筑物的破坏也不相同,所以虽然一次地震只有一个震级,但距震中不同的地点,地震的影响是不一样的,即地震烈度不同,因此建立了评定地震标准的地震烈度表。

1.2.3　地震烈度表

地震烈度表按照地震时人的感觉、器物的反应,以及地震所造成的自然环境变化和建筑物的破坏程度,区分为几大类,以描述地震烈度的高低,作为判断地震强烈程度的一种宏观依据。我国目前沿用的地震烈度表出自《中国地震烈度表》(GB/T 17742—2008)。

1.3　地震活动性及震害

1.3.1　世界地震活动性

由于地震发生的频率非常高,小地震几乎到处都有,但大地震仅局限于某些地区,其震中大部分密集于板块边缘。地震密集带称为地震带(图1-3)。地球上的三个主要地震带如下:

(1)环太平洋地震带:沿南美洲西海岸,经阿留申群岛、千岛群岛到日本列岛,然后

经我国台湾省达菲律宾、印度尼西亚、新几内亚至新西兰。这一地震带的地震活动最强，全球约有80%的地震发生于此。

（2）欧亚地震带：西起大西洋的亚速尔群岛，经意大利、土耳其、伊朗、印度北部、我国西部和西南部，过缅甸至印度尼西亚与环太平洋地震带衔接。全球约有15%的地震发生于此。

（3）海岭地震带：从西伯利亚北岸靠近勒那河口开始，穿过北极经斯匹次卑尔根群岛和冰岛，再经过大西洋中部海岭到印度洋的一些狭长的海岭地带或海底隆起地带，并有一分支穿入红海和东非裂谷区。

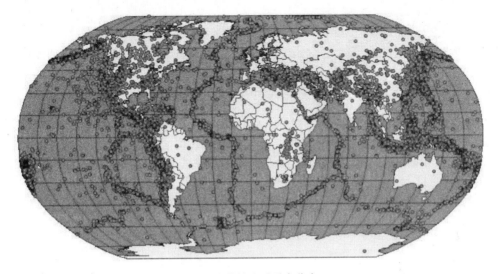

图1-3　世界地震震中分布

1.3.2　我国地震活动性

我国东邻环太平洋地震带，南接欧亚地震带，是一个多地震的国家。图1-4为中国历史地震震中分布图（图片来源：《中国国家地理》杂志2008年第6期）。我国的主要地震带有两条：

（1）南北地震带：北起贺兰山，向南经六盘山，穿越秦岭沿川西至云南省东北，纵贯南北。

（2）东西地震带：主要的东西构造带有两条，北面的一条沿陕西、山西、河北北部向东延伸，直至辽宁北部的千山一带；南面的一条自帕米尔高原起，经昆仑山、秦岭，直至大别山区。

据此，我国大致可划分成六个地震活动区：华北地震活动区、南北地震带、天山地震活动区、东南沿海地震活动区、喜马拉雅山脉地震活动区、台湾及其附近海域。

综上所述，我国地震情况非常复杂。从地震历史来看，全国除个别省份外，绝大部分省份都发生过较为强烈的破坏性地震，我国台湾省大地震最多，新疆、西藏次之；另外，我国西南、西北、华北、东南沿海地区也是破坏性地震较多的地区。

图1-4　中国历史地震震中分布

1.3.3　近期世界地震活动性

据不完全统计，国内外近期发生的著名大地震详见表1-1。

表1-1　国内外近期地震情况

时间	地点	震级	伤亡情况
2014年4月19日	巴布亚新几内亚	7.6	无人员伤亡报告
2014年4月18日	墨西哥格雷罗州	7.3	无人员伤亡报告

（续）

时间	地点	震级	伤亡情况
2014 年 4 月 13 日	所罗门群岛附近海域	7.8	无人员伤亡报告
2014 年 4 月 2 日	智利北部沿岸近海	8.1	6 人死亡
2014 年 2 月 12 日	中国新疆和田地区于田县	7.3	无人员伤亡报告，13662 户失去住所
2013 年 10 月 15 日	菲律宾	7.1	201 人遇难，受灾人口超过 300 万
2013 年 9 月 24 日	巴基斯坦	7.8	359 人遇难，近 700 人受伤，数百间房屋坍塌，10 万多人无家可归
2013 年 7 月 8 日	新爱尔兰地区	7.2	无人员伤亡报告
2013 年 5 月 24 日	鄂霍次克海	8.2	无人员伤亡报告
2013 年 4 月 20 日	中国四川省雅安市芦山县	7.0	186 人死亡，21 人失踪，11393 人受伤，其中 968 人重伤
2013 年 4 月 16 日	伊朗、巴基斯坦交界	7.7	至少造成 50 人遇难
2013 年 2 月 6 日	圣克鲁斯群岛	7.5	造成 5 人死亡，3 人受伤
2013 年 1 月 5 日	阿拉斯加东南部海域	7.8	无人员伤亡报告
2012 年 10 月 28 日	夏洛特皇后群岛	7.7	无人员伤亡报告
2012 年 9 月 5 日	哥斯达黎加	7.9	无人员伤亡报告
2012 年 8 月 12 日	中国新疆和田地区于田县	6.2	无人员伤亡报告
2012 年 6 月 30 日	中国新疆新源县、和静县交界	6.6	17 人受伤，其中 16 人轻伤，1 人重伤
2012 年 4 月 11 日	苏门答腊北部附近海域	8.6	无人员伤亡报告
2012 年 3 月 21 日	墨西哥	7.6	11 人受伤
2011 年 3 月 11 日	日本宫城县东北部	9.0	15884 人死亡，2633 人失踪
2011 年 3 月 10 日	中国云南省盈江县	5.8	25 人死亡，250 人受伤
2011 年 2 月 22 日	新西兰克莱斯特彻市	6.3	182 人死亡，200 人失踪
2010 年 9 月 4 日	新西兰克莱斯特彻市	7.1	无人员伤亡报告
2010 年 4 月 14 日	中国青海玉树县	7.1	2698 人死亡，270 人失踪
2010 年 4 月 7 日	苏门答腊北部	7.8	无人员伤亡报告
2010 年 2 月 27 日	智利中南部	8.8	802 人死亡，近 200 万人受灾
2009 年 9 月 29 日	太平洋萨摩亚群岛	8.0	190 人死亡
2009 年 5 月 28 日	洪都拉斯北部海域	7.1	8 人死亡，近万人受灾
2008 年 10 月 29 日	巴基斯坦西南部	6.5	300 人死亡，约 4 万人无家可归
2008 年 10 月 5 日	吉尔吉斯斯坦南部	6.8	72 人死亡
2008 年 5 月 12 日	中国四川省汶川县	8.0	69227 人死亡，17923 人失踪
2007 年 7 月 16 日	日本中部地区	6.9	9 人死亡，1000 多人受伤
2007 年 4 月 2 日	所罗门群岛	8.0	20 人死亡，多人失踪
2007 年 3 月 25 日	日本石川县能登半岛	7.1	110 多人受伤

1.4 地震灾害

地震灾害是指由地震引起的强烈地面振动及伴生的地面裂缝和变形，使各类建（构）筑物倒塌和损坏，设备和设施损坏，交通、通信中断和其他生命线工程设施等被破坏，以及由此引起的火灾、爆炸、瘟疫、有毒物质泄漏、放射性污染、场地破坏等造成人畜伤亡和财产损失的灾害。

地震造成的灾害主要分为原生灾害和次生灾害。原生灾害，即由地震直接产生的灾害，它造成房屋、道路、桥梁破坏，人员伤亡；次生灾害，即由原生灾害导致的灾害，可引发火灾、水灾、爆炸、有毒物质泄漏、瘟疫和海啸等。

地震造成的灾害主要表现在三个方面，即地震引起的地表破坏、房屋结构破坏和次生灾害。

1.4.1 地表破坏

1. 地裂缝

按成因不同，地裂缝分为构造性地裂缝和非构造性地裂缝。

构造性地裂缝是发震断裂带附近地表的错动，当断裂露出地表时即形成地裂缝（图1-5）。构造性地裂缝是地震断裂带在地表的反映，其走向与地下断裂带一致，规模较大。非构造性地裂缝也称为重力地裂缝，受地形、地貌、土质等条件限制，分布极广，多发生在河岸、古河道、道路等地方。

2. 砂土液化

在地下水水位较高、砂层或粉土层较浅的地区，强震使砂土液化，地下水夹带砂土经地面裂缝或土质松软部位冒出地面，形成喷砂冒水现象。严重时会引起地面不均匀沉陷和开裂，对建筑物造成危害（图1-6）。

图1-5 唐山大地震中唐山胜利桥头地裂缝

图1-6 新疆巴楚地震某村小学操场砂土液化

3. 震陷

软弱土（如淤泥、淤泥质土等）地基或地面，在强震作用下往往会引起下沉或不均匀下沉，即震陷。

4. 滑坡

在陡峭的山区，在强震作用下，由于陡崖失稳常出现塌方、山体滑坡、山石滚落等现象。大面积的山体滑坡，会切断公路、冲毁房屋和桥梁，如2008年汶川地震，北川城地处两山之间，遭受大面积的山体滑坡而使大量的建筑物毁坏（图1-7）；在唐家山处，由于巨大的山体滑坡形成了堰塞湖（图1-8）。

图1-7　汶川地震大面积山体滑坡　　　　　图1-8　汶川地震山体滑坡形成的唐家山堰塞湖

5. 海啸

海啸是地震发生在海底时，造成海底的滑移或海底平面的变化，扰动海洋产生巨浪冲上陆地的现象。巨浪跨越海面时，在广阔的海洋面上不易察觉，一旦到达海岸，且海岸有一定的曲度和坡度时，巨大的海浪就会产生多次干涉作用，最终形成异常凶猛的惊涛骇浪，以不可抗拒的力量冲刷海岸，淹没陆地。图1-9为2004年印度洋大地震引发印度洋海啸，海岸被夷为平地。

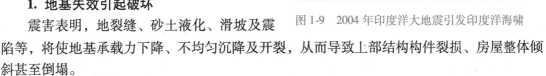

1.4.2　房屋结构破坏

1. 地基失效引起破坏

震害表明，地裂缝、砂土液化、滑坡及震

图1-9　2004年印度洋大地震引发印度洋海啸

陷等，将使地基承载力下降、不均匀沉降及开裂，从而导致上部结构构件裂损、房屋整体倾斜甚至倒塌。

2. 上部结构受振动破坏

强震时，地面运动引起房屋上部结构振动，产生惯性力，使结构内力及变形剧增，从而导致上部结构破坏。上部结构受振动破坏包括由于构件承载力不足或变形过大造成的破坏；由于房屋结构布置及构造不合理，各结构构件之间连接不牢靠、结构整体性差造成的破坏。图1-10为汶川地震中房屋的结构破坏。

3. 地质灾害

地形条件的影响：我国多次地震震害表明，局部地形条件（如孤立突出地形等）对地震时建筑物的破坏有较大影响。当局部地形高差大于 30m 时，震害就会有明显的差异，位于高处的建筑震害加重。多次震害表明，条状突出的山嘴、孤立的山包和山梁的顶部、高差较大的台地边缘、非岩质的陡坡、河岸和边坡的边缘，均对建筑物的抗震不利。

局部地质构造的影响：主要指断层，该处为地质构造的薄弱环节，可分为发震断层与非发震断层。具有潜在地震活动的断层通常称为发震断层。多数浅源地震均与发震断层的活动有关。地震时，发震断层附近的地表很可能发生新的错动，若建筑物位于其上，将会遭到严重破坏，因此在设计时，不宜将建筑物横跨在断层上，以免可能发生的错动或不均匀沉降带来危害。图 1-11 为汶川地震中北川路面开裂，图 1-12 为日本新泻地震中路基路面破坏。

图 1-10　汶川地震中房屋的结构破坏

图 1-11　汶川地震中北川路面开裂

图 1-12　日本新泻地震中路基路面破坏

1.4.3　次生灾害

次生灾害是由原生灾害导致的灾害，如因地震引起的停水、停电、火灾、爆炸、有毒物质泄漏、放射性物质的逸散、瘟疫和环境污染等。次生灾害造成的损失很大，有时比地震直接造成的损失还大，特别是在大工业区和大城市次生灾害造成的损失更大。

如 1923 年的日本关东大地震，此次地震死亡 14.3 万人，其中 9/10 被烧死。地震还引起海啸，高达 9m 的海浪扫荡沿岸的公共设施和村庄。地震引起山崩，连火车一起开进海里而死的人相当多。地震产生出露断层，水平位移达 4～5m，在海湾中心有的地方下沉 90～180m，有的地方隆起 229m。地震发生后发生了火灾、水灾、瘟疫、断水、断电、交通瘫痪、生命线工程破坏等次生灾害。

1.4.4　2008 年中国汶川地震分析

2008 年 5 月 12 日，在我国四川省发生了里氏 8.0 级特大地震。震中位于四川省汶川县的映秀镇（东经 103.4°，北纬 31.0°），震中烈度达 11 度。此次地震发生在四川龙门山逆冲推覆构造带上，是龙门山逆冲推覆体向东南方向推挤并伴随顺时针剪切共同作用的结果。破裂长度约为 300km，破裂过程总持续时间近 120s，最大的错动量达 9m，震源深度约为 10km，地震受灾面积超过 10 万 km^2。此次地震不仅在震中区附近造成灾难性的破坏，而且在四川省和邻近省市造成大范围破坏，其影响更是波及全国绝大部分地区乃至境外。

地震成因：一是印度洋板块向亚欧板块俯冲，造成青藏高原抬升；二是浅源地震，汶川地震不属于深板块边界效应，发生在地壳脆-韧性转换带，震源深度为 10～20km，因此破坏性巨大。

除以上原因，造成此次震害巨大损失的原因还有：

1. 先天条件不利

根据地质环境条件，无论是地形、地貌、水文地质、地质构造、与断裂带和地震带的关系及地层岩性，还是场地的类别、等级及多变性，对建设工程来讲均存在先天的隐患，一旦发生构造地震（一般是由于活断层错动造成的）或受临近强震的影响，必然带来较大的损害和破坏，建筑物自然会遭到严重破坏。

2. 大多数建筑选址不当

房屋建造在软弱地基或可液化场地或临近地震断层位置，由于地基在地震时会出现液化、塌陷、不均匀沉降等现象，从而导致地基失效，位于这种地基上的建筑物，自然会遭到严重破坏。

3. 建筑抗震能力较弱

由于都江堰市的建筑，多数上部荷载不是很大，故一般情况下天然地基和较浅的人工地基就可以满足建筑物对地基强度与稳定性的要求，只有极少数的基础要求对地基进行单独或特殊的处理，再加上房屋结构又多为砌体结构，故无论是地基基础，还是上部结构，均不能抵抗如此巨大的地震能量。

4. 建筑规划不当

由于场地和地基的多变性，以及存在许多对抗震不利的岩土问题（一幢建筑物的基础同时埋置在标高相同但刚度不同的地基上），导致城市中楼房的间距太小，过分密集，两幢建筑物毗连（仅用变形缝分割），只通过改变方向或调整位置来规避地基的不利影响，地震时地基震感强烈，一幢楼房的摇动或摆动或倒塌必然祸及其他楼房，灾区损坏或破坏的房屋已证实了此类现象。

初步总结汶川地震建筑震害的经验教训，有以下几点启示：

（1）20 世纪 80 年代以来我国颁布执行的抗震设计规范经受了大震的考验，有效地保证了人民的生命财产安全。汶川地震表明，除了危险地段山体滑坡造成的灾害外，总体上城镇倒塌和严重破坏需要拆除的房屋约为 10%，凡是严格按照《建筑抗震设计规范》（GBJ 11—1989）或《建筑抗震设计规范》（GB 50011—2001）进行设计、施工和使用的各类房屋建筑，在遭遇到比当地设防烈度高一度的地震作用下均经受了考验，没有出现倒塌破坏，有效地保护了人民的生命安全。

（2）重视抗震概念设计和构造措施。现场调查表明，此次地震灾区破坏的房屋多数是由于抗震概念设计和构造措施方面存在缺陷造成的，如平面布局不规则，抗侧力构件竖向不连续，强梁弱柱，结构整体没有二道防线，砖混结构不设圈梁和构造柱，预制空心楼板的端部无连接，出屋面女儿墙无构造柱和压顶梁，填充墙与主体结构拉结不足，抗震缝设置不合理，对局部突出屋面的楼梯间、电梯间等小结构的鞭梢效应考虑不足，未进行局部加强设计等，因此对于灾后重建，应从概念上去把握结构的整体抗震能力。

（3）将村镇私人建房纳入审批管理程序。现场震损房屋调查结果显示，地震中私人建房损失很大，由于选址不当，结构设计不合理，施工质量不良等原因导致了大量震害。除了施工技术方面的原因外，该类房屋的规划设计与施工游离于政府主管部门的管辖范围之外，现有法律没有将私人建房的设计与施工纳入政府主管部门的审查程序。

（4）要特别加强对未成年人在地震突发事件中的保护。汶川地震中，虽然倒塌的学校建筑的比例略低于其他房屋，但伤亡人数的比例明显大于其他房屋，因此要特别注意在发生地震灾害时加强对未成年人的保护。另外，学校建筑应按抗震规范概念设计的要求，采用体系合理，具有多道抗震防线，楼、屋盖整体性强的结构，确保建筑的抗震安全性。

（5）重视场地的工程抗震措施。局部地区的建设用地主要位于山区，地形复杂，农村很多建筑依山而建，城市中有很多陡坡和挡土墙，潜在的地质灾害主要有山体滑坡、泥石流和洪灾等，因此对于灾后重建，加强建筑工程场地的选址工作，选择有利地段，避开危险地段是十分必要的；对于无法避让的抗震不利地段，应采取有效的工程场地抗震措施进行排险。

1.5　建筑抗震设防

1.5.1　抗震设防依据

《建筑抗震设计规范》（GB 50011—2016）规定：

> 1.0.2　抗震设防烈度为 6 度及以上地区的建筑，必须进行抗震设计。

强烈地震是一种破坏性很大的自然灾害，它的发生具有很大的随机性，采用概率方法预测某地区未来一定时间内可能发生的最大烈度的地震是具有实际意义的，因此国家有关部门提出了"抗震设防烈度"的概念。

> 2.1.1　抗震设防烈度
> 　　按国家规定的权限批准作为一个地区抗震设防依据的地震烈度。一般情况，取 50 年内超越概率 10% 的地震烈度。

抗震设防烈度是一个地区的建筑抗震设防依据。抗震设防烈度必须按国家规定的权限审批、颁发的文件确定。一般情况下，抗震设防烈度可采用中国地震动参数区划图的地震基本烈度。

1. 地震基本烈度

地震是自然界的随机现象，根据我国地震发生概率的统计，我国地震烈度的概率分布符合极值Ⅲ型分布（图 1-13）。地震基本烈度的定义：在 50 年期限内，一般场地条件下，可能遭遇的超越概率为 10% ~ 13% 的地震烈度值，相当于 474 年一遇的烈度值。

2. 地震区划

依据地质构造资料、历史地震规律、强震观测资料，采用地震危险性分析的方法，计算出每一地区在未来一定时限内关于某一烈度（或地震动加速度值）的超越概率，从而可以将国土划分为由不同基本烈度所覆盖的区域，这一工作称为地震区划。随着研究工作的深入，地震区划将给出地震动参数区划结果。我国先后编制了四代地震烈度区划图。

《建筑抗震设计规范》（GB 50011—2010）附录 A 列出了我国主要城镇抗震设防烈度、设计基本地震加速度和设计地震分组。

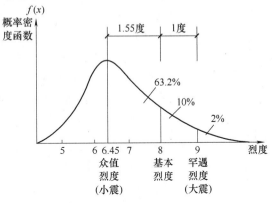

图 1-13　烈度概率密度函数

1.5.2　抗震设防目标

1. 定义

抗震设防是指对建筑物进行抗震设计并采取一定的抗震构造措施，以达到结构抗震的效果和目的。地震作用与一般的荷载（如恒荷载）不同，它具有随机性、复杂性、间接性等特点，因此鉴于现有的技术和经济水平，房屋经过抗震设防，一般能减轻地震的损坏和破坏，但还不能完全避免损坏和破坏。抗震设防目标是对建筑结构应具有的抗震安全性的要求，《建筑抗震设计规范》（GB 50011—2010）明确给出了"三水准"的设防目标：

> 1.0.1　当遭受低于本地区抗震设防烈度的多遇地震影响时，主体结构不受损坏或不需修理可继续使用；当遭受相当于本地区抗震设防烈度的设防地震影响时，可能发生损坏，但经一般性修理仍可继续使用；当遭受高于本地区抗震设防烈度的罕遇地震影响时，不至倒塌或发生危及生命的严重破坏。

以上三点可概括为："小震不坏、中震可修、大震不倒"。现行规范采用两阶段设计来实现上述三个水准的设防目标。

第一阶段设计：按第一水准（小震）地震动参数计算结构地震作用效应与其他荷载效应的基本组合，进行结构构件的截面抗震承载力验算；对于钢和钢筋混凝土等柔性结构还应进行弹性变形验算；同时，采取相应的抗震措施。这样，既可满足第一水准的"小震不坏"设防要求，又可满足第二水准的"中震可修"设防要求。

第二阶段设计：对于特殊的柔性结构除进行第一阶段设计外，还应按第三水准（大震）地震动参数计算结构（尤其是薄弱层）在大震作用下的弹塑性变形，使其满足规范要求，并应采取相应的提高变形能力的抗震措施，满足第三水准的"大震不倒"设防要求。

2. 小震和大震（图 1-13）

从概率意义上说，小震就是发生机会较多的地震。根据分析，在 50 年期限内，图 1-13中概率密度曲线的峰值烈度所对应的被超越概率为 63.2%，因此可以将这一峰值烈度定义为众值烈度，又称为多遇地震烈度。中国地震烈度区划图所规定的各地的基本烈度，可取为中震对应的烈度，它在 50 年内的超越概率为 10%。大震是罕遇地震，它所对应的地震烈度在 50 年内的超越概率为 2% 左右，这个烈度称为罕遇地震烈度。通过对我国 45 个城镇的地震危险性分析结果的统计分析得到：基本烈度较多遇地震烈度约高 1.55 度，而较罕遇地震烈度约低 1 度。

1.5.3　抗震设防分类及标准

1. 抗震设防分类

对于不同使用性质的建筑物，地震破坏所造成后果的严重性是不一样的，因此对于不同用途建筑物的抗震设防不宜采用同一标准，而应根据其破坏后果加以区别对待。为此，根据《建筑工程抗震设防分类标准》（GB 50223—2008）确定其抗震设防类别，共分为以下四类：

（1）特殊设防类：指使用上有特殊设施，涉及国家公共安全的重大建筑工程和地震时可能发生严重次生灾害等特别重大灾害后果，需要进行特殊设防的建筑，简称甲类。

（2）重点设防类：指地震时使用功能不能中断或需尽快恢复的生命线相关建筑，以及地震时可能导致大量人员伤亡等重大灾害后果，需要提高设防标准的建筑，简称乙类。

（3）标准设防类：指大量的除甲类、乙类和丁类以外按标准要求进行设防的建筑，简称丙类。

（4）适度设防类：指使用上人员稀少且震损不致产生次生灾害，允许在一定条件下适度降低要求的建筑，简称丁类。

2. 抗震设防标准

各抗震设防类别建筑的抗震设防标准，应满足下列要求：

（1）特殊设防类，应按高于本地区抗震设防烈度提高一度的要求加强其抗震措施；但抗震设防烈度为 9 度时应按比 9 度更高的要求采取抗震措施。同时，应按标准的地震安全性评价的结果且高于本地区抗震设防烈度的要求确定其地震作用。

（2）重点设防类，应按高于本地区抗震设防烈度一度的要求加强其抗震措施；但抗震设防烈度为 9 度时应按比 9 度更高的要求采取抗震措施；地基基础的抗震措施，应符合有关规定。同时，应按本地区抗震设防烈度确定其地震作用。

（3）标准设防类，应按本地区抗震设防烈度确定其抗震措施和地震作用，达到在遭遇高于当地抗震设防烈度的预估罕遇地震影响时不致倒塌或发生危及生命安全的严重破坏的抗震设防目标。

（4）适度设防类，允许比本地区抗震设防烈度的要求适当降低其抗震措施，但抗震设防烈度为 6 度时不应降低。一般情况下，仍应按本地区抗震设防烈度确定其地震作用。

1.5.4　抗震概念设计

破坏性地震是一种巨大的自然灾害，由于地震动具有明显的不确定性和复杂性，迄今人们对地震规律性的认识还很不足。历次大地震的震害经验表明，在某种意义上，建筑的抗震设计依赖于设计人员的抗震设计理念，因此抗震计算和抗震措施是不可分割的两个组成部分，而且"概念设计"要比"计算设计"更为重要。"概念设计"是指根据由地震灾害和工程经验等所形成的基本设计原则与设计思想，进行建筑和结构总体布置，并确定细部构造的过程。建筑结构抗震性能的决定因素是良好的"概念设计"。

建筑抗震设计在总体上要求把握的基本原则可以概括为注意场地选择、把握建筑形体、利用结构延性、设置多道防线与重视非结构因素。

1. 注意场地选择

建筑场地的地质条件与地形地貌对建筑物的震害有明显影响，这已为大量的震害实例所证实。从建筑抗震概念设计角度考察，首先应注意场地的选择。简单地说，地震区的建筑宜选择有利地段，避开不利地段，不在危险地段进行工程建设。各类地段划分见表1-2。

表1-2 有利、一般、不利和危险地段的划分

地段类型	地质、地形、地貌
有利地段	稳定基岩、坚硬土，开阔、平坦、密实、均匀的中硬土等
一般地段	不属于有利、不利和危险的地段
不利地段	软弱土，液化土，条状突出的山嘴，高耸孤立的山丘，陡坡，陡坎，河岸和边坡边缘，平面分布上成因、岩性、状态明显不均匀的土层（含故河道、疏松的断层破碎带、暗埋的塘浜沟谷和半填半挖地基），高含水量的可塑黄土，地表存在结构性裂缝等
危险地段	地震时可能发生滑坡、崩塌、地陷、地裂、泥石流等及发震断裂带上可能发生地表位错的部位

当确定需要在不利地段或危险地段修建工程时，应遵循建筑抗震设计的有关要求，进行详细的场地评价并采取必要的抗震措施。

2. 把握建筑形体

建筑物平面与立面布置的基本原则：对称、规则、质量与刚度变化均匀。

结构对称有利于减轻结构的地震扭转效应。而形状规则的建筑物，在地震时结构各部分的振动易于协调一致，应力集中现象减少，因而有利于抗震。质量与刚度变化均匀有以下两方面的含义：

（1）在结构平面方向，应尽量使结构刚度中心与质量中心相一致，否则扭转效应将使远离刚度中心的构件产生较严重的震害。平面不规则的类型举例如下：

1）扭转不规则。楼层的最大弹性水平位移（或层间位移）大于该楼层两端弹性水平位移（或层间位移）平均值的1.2倍（图1-14）。

图1-14中，$\delta_2 > 1.2\left(\dfrac{\delta_1+\delta_2}{2}\right)$，则属扭转不规则，但应使$\delta_2 \leqslant 1.5\left(\dfrac{\delta_1+\delta_2}{2}\right)$。

2）凹凸不规则。结构平面凹进一侧的尺寸大于相应投影方向总尺寸的30%（图1-15）。

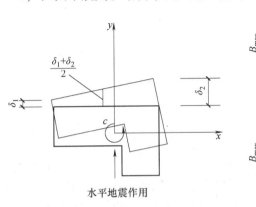

图1-14 建筑结构平面的扭转不规则

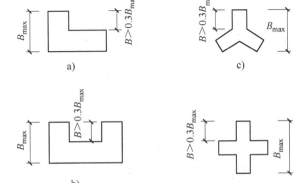

图1-15 建筑结构平面的凸角或凹角不规则

3）楼板局部不连续。楼板的尺寸和平面刚度有急剧变化，如有效楼板宽度小于该层楼板典型宽度的50%，或开洞面积A_0大于该层楼面面积A的30%，或较大的楼层错层（图1-16）。

（2）在结构立面方向，建筑的立面和竖向剖面宜规则，结构的侧向刚度宜均匀变化，竖向抗侧力构件的截面尺寸和材料强度宜自下而上逐渐减小，避免抗侧力结构的侧向刚度和承载力发生突变。竖向不规则的类型举例如下：

1）侧向刚度不规则（有柔软层）。该层的侧向刚度小于相邻上一层的70%，或小于其上相邻三个楼层侧向刚度平均值的80%（图1-17）；除顶层外，局部收进的水平尺寸大于相邻下一层的25%。

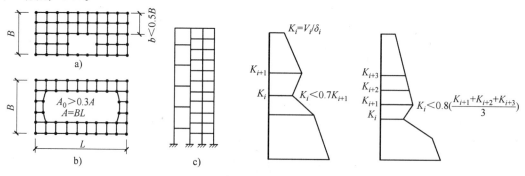

图1-16　建筑结构平面的局部
不连续（大开洞及错层）

图1-17　建筑结构立面的侧向刚度
不规则（有柔软层）

2）竖向抗侧力构件不连续。竖向抗侧力构件（柱、抗震墙、抗震支撑）的内力由水平转换构件（梁、桁架等）向下传递（图1-18）。

3）楼层承载力突变（有薄弱层）。抗侧力结构的层间受剪承载力小于相邻上一楼层的80%（图1-19）。

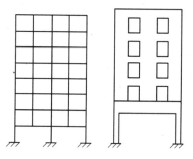

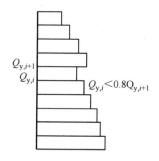

图1-18　建筑结构立面的竖向
抗侧力构件不连续

图1-19　建筑结构立面的楼层
承载力突变（有薄弱层）

对不规则的建筑结构，应按后续章节的规定进行水平地震作用计算和内力调整，并应对薄弱部位采取有效的抗震构造措施。对体型复杂、平面与立面特别不规则的建筑结构，可按实际需要在适当部位设置防震缝，形成多个较规则的抗侧力结构单元。

本项目小结

1. 地震按其成因可划分为 4 种类型，即构造地震、火山地震、陷落地震和人工诱发地震。在构造应力场作用下，岩层突然错动而发生的地震称为构造地震，这类地震分布最广、危害最大，是本课程研究的重点。关于构造地震的成因主要有断层说和板块构造说。此外，按震源的深度不同，地震还可分为浅源地震、中源地震和深源地震 3 种类型。

2. 地震震级是对地震大小的相对量度；地震烈度是指地震引起的地面振动及其影响的强弱程度。一次地震，只有一个震级，却有多个烈度。

3. 在 50 年期限内，一般场地条件下，可能遭遇的超越概率为 10% ~ 13% 的地震烈度值，相当于 474 年一遇的烈度值，称为地震基本烈度；可能遭遇的超越概率为 63.2% 的地震烈度值，相当于 50 年一遇的烈度值，称为多遇地震烈度；可能遭遇的超越概率为 2% ~ 3% 的地震烈度值，相当于 1600 ~ 2500 年一遇的烈度值，称为罕遇地震烈度。

4. 《建筑抗震设计规范》（GB 50011—2010）规定，抗震设防烈度为 6 度及以上地区的建筑，必须进行抗震设计。抗震设防烈度是一个地区的建筑抗震设防依据。抗震设防烈度必须按国家规定的权限审批、颁发的文件确定。

5. 《建筑抗震设计规范》（GB 50011—2010）明确给出了"三水准"的设防目标，即"小震不坏、中震可修、大震不倒"。现行规范采用两阶段设计来实现上述三个水准的设防目标。

6. 建筑根据其使用功能的重要性分为特殊设防类、重点设防类、标准设防类和适度设防类四个抗震设防类别。

7. 建筑抗震设计应重视概念设计。

能力拓展训练题

思考题

1. 地震按其成因分为哪几种类型？按震源的深度不同，地震还可分为哪几种类型？
2. 什么是地震波？地震波包含了哪几种波？
3. 什么是地震震级？什么是地震烈度？什么是抗震设防烈度？
4. 什么是多遇地震？什么是罕遇地震？
5. 建筑的抗震设防类别分为哪几类？分类的作用是什么？
6. 什么是建筑抗震概念设计？概念设计的基本内容和要求是什么？
7. 在建筑抗震设计中，是如何实现"三水准"设防目标的？
8. 常见的地震灾害包括哪几类？主要与哪些因素有关？

项目二 建筑场地与地基基础的抗震设计

【知识目标】

了解场地地段的划分，理解场地选择的基本原则；掌握场地类别的划分标准；了解地基震害的特点，熟悉地基基础抗震验算；了解地基土的液化概念、液化判别方法、液化等级、液化危害及抗液化措施；了解软土地基的抗震措施。

【能力目标】

抗震概念设计时，掌握建设场地选择的原则；熟悉场地、地基和基础的抗震相关概念。

以目前对地震的认识水平，要准确预测建筑物与地基在地震作用下的抗震能力，还难以做到，因此应着眼于建筑物与地基基础整体抗震能力的概念设计，再辅以必要的计算分析和构造措施，从根本上消除建筑物与地基中的抗震薄弱环节，才有可能使设计出的建筑物及所选的地基具有良好的抗震性能和足够的可靠度。

在地震发生时，由于场地和地基的破坏，从而产生建（构）筑物破坏并引起其他灾害。场地和地基破坏大致有地面破坏、滑坡、坍塌与地基失效等几种类型。对于场地和地基的破坏作用，一般是通过合理的场地选择和地基处理来减轻地震灾害的。

此外，在地震发生时，地震产生的强烈地面运动还会造成地面设施振动而产生破坏。强烈地震引起的结构破坏和倒塌是造成大量生命财产损失的最普遍与最主要的原因。根据国内外破坏性地震的调查资料统计，95%以上的人员伤亡和建筑物破坏是由于地面振动造成的。对于由强烈的地面运动产生的破坏，可通过建筑场地类别的划分和抗震设计分组所体现的特征周期加以抵御。

2.1 建筑场地的选择

2.1.1 对建筑抗震有利、不利与危险地段

在强震区（一般指6度以上的地震区）建设选址时，应进行详细勘察，弄清地形、地质情况，宜选择对抗震有利的地段，避开不利的地段，任何情况下不得在抗震危险的地段上建造可能引起人员伤亡或较大经济损失的建筑物，当无法避开时应采取适当的抗震措施。

《建筑抗震设计规范》（GB 50011—2016）（以下简称《抗震规范》）第4.1.1条规定：

4.1.1 选择建筑场地时，应按表4.1.1划分对建筑抗震有利、一般、不利和危险的地段。

表4.1.1 有利、一般、不利和危险地段的划分

地段类别	地质、地形、地貌
有利地段	稳定基岩，坚硬土，开阔、平坦、密实、均匀的中硬土等
一般地段	不属于有利、不利和危险的地段
不利地段	软弱土，液化土，条状突出的山嘴，高耸孤立的山丘，陡坡陡坎，河岸和边坡的边缘，平面分布上成因、岩性、状态明显不均匀的土层（含故河道、疏松的断层破碎带、暗埋的塘浜沟谷及半填半挖地基），高含水量的可塑黄土，地表存在结构性裂缝等
危险地段	地震时可能发生滑坡、崩塌、地陷、地裂、泥石流等及发震断裂带上可能发生地表错位的部位

有利地段的地震反应往往较不利地段或危险地段要小且较易预测。抗震不利地段的地震反应与抗震有利地段相比要强烈与复杂得多，也不易预测。此外，土、岩石在地震作用下易失稳、液化或震陷；建于局部突出地形上的建筑物所遭受的地震烈度可能会比平地上的建筑物高出0.3~3度，震害更为严重，因此对抗震不利的地段，以避开为首选的处置办法。

2.1.2 发震断裂对工程影响分析

断裂带是地质构造的薄弱环节，发震断裂带附近的地表在地震时可能会产生新的错动，使地面建筑物遭受较大的破坏，所以当场地内存在发震断裂带时，应对断裂的可能性和其对建筑物的影响进行分析评价。

发震断裂的突然错动要释放能量，引起地表振动。强烈地震时，断裂两侧的相对位移可能出露于地表，形成地表断裂。1976年的唐山大地震，在极震区内，一条北东走向的地表断裂，长8km，水平错位达1.45m。2008年的汶川大地震，断层长度达到了300km，位于断层之上的映秀镇几乎被夷为平地。

根据国内几次较大地震的经验，发震断裂带上可能发生地表错动的地段，主要在9度及9度以上的高烈度区，所以《抗震规范》第4.1.7条规定

4.1.7 场地内存在发震断裂时，应对断裂的工程影响进行评价，并应符合下列要求：

1. 对符合下列规定之一的情况，可忽略发震断裂错动对地面建筑的影响：

（1）抗震设防烈度小于8度。

（2）非全新世活动断裂。

（3）抗震设防烈度为8度和9度时，隐伏断裂的土层覆盖厚度分别大于60m和90m。

2. 对不符合本条1款规定的情况，应避开主断裂带。其避让距离不宜小于表4.1.7对发震断裂最小避让距离的规定。在避让距离的范围内确有需要建造分散的、低于三层的丙、丁类建筑时，应按提高一度采取抗震措施，并提高基础和上部结构的整体性，且不得跨越断层线。

表 4.1.7　发震断裂带的最小避让距离　　　　　　　　（单位：m）

烈度	建筑抗震设防类别			
	甲	乙	丙	丁
8	专门研究	200m	100m	—
9	专门研究	400m	200m	—

例 2-1　已知：一幢商住的高层住宅，其抗震设防烈度为 8 度（0.2g），建筑抗震设防类别为丙类。该建筑的附近存在一条发震主断裂带，该带的隐伏断裂的土层覆盖厚度为 50m，试确定该建筑避开这条主断裂带的最小距离。

【解】　根据题意，可知本建筑的隐伏断裂的土层覆盖厚度为 50m，小于 60m，因此本建筑应避开这条主断裂带，其最小避让距离不宜小于 100m。

2.1.3　局部突出地形的放大作用

震害调查已多次证实，局部突出地形对地震动的反应较山脚的开阔地更为强烈，根据历次地震调查的结果，山坡、山顶处建筑物遭受的地震烈度较平地要高出 1~3 度。

针对边坡的震害调查，《抗震规范》第 4.1.8 条规定：

> 4.1.8　当需要在条状突出的山嘴、高耸孤立的山丘、非岩石和强风化岩石的陡坡、河岸和边坡边缘等不利地段建造丙类及丙类以上建筑时，除保证其在地震作用下的稳定性外，还应估计不利地段对设计地震动参数可能产生的放大作用，其水平地震影响系数最大值应乘以增大系数。其值应根据不利地段的具体情况确定，在 1.1~1.6 范围内采用。

2.2　建筑场地类别的划分

场地土是指场地范围内深度在 20m 左右的地基土。它们的类型与性状对场地地震反应的影响比深层土要大。《抗震规范》第 2.1.8 条规定：

> 2.1.8　场地
> 工程群体所在地，具有相似的反应谱特征。其范围相当于厂区、居民小区和自然村或不小于 1.0km² 的平面面积。

据有关国内外地震破坏资料显示，不同场地上建筑物的震害有明显的差异：在软弱地基上，柔性结构较刚性结构容易遭到破坏，通常是因结构破坏或地基破坏而导致建筑物破坏；在坚硬地基上，柔性结构反应较好，刚性结构则表现不一，常出现矛盾现象。一般的地面建筑物在软弱地基上的破坏通常比在坚硬地基上的破坏要严重。

场地条件的地震影响在很大程度上与覆盖层厚度有关，不同覆盖层厚度上的建筑物，其震害表现明显不同。在覆盖层为中等厚度的一般地基上，中等高度房屋的破坏要比高层建筑的破坏严重，而基岩上各类房屋的破坏普遍较轻。综上所述，建筑场地的特征对建筑物的地震反应有较大的影响，所以合理选择建筑场地，对建筑物的抗震安全至关重要。

2.2.1　场地土类型与剪切波速

如前所述，场地土对建筑震害的影响主要取决于土的坚硬程度（即刚性）。土的刚性一般用土的剪切波速来表示，因为土的剪切波速是反映场地土动力性能的重要参数，故场地土可根据工程地质勘测资料，按剪切波速来进行分类。《抗震规范》第 4.1.3 条规定：

> 4.1.3　土层剪切波速的测量，应符合下列要求：
>
> 1. 在场地初步勘察阶段，对大面积的同一地质单元，测试土层剪切波速的钻孔数量不宜少于 3 个。
>
> 2. 在场地详细勘察阶段，对单幢建筑，测试土层剪切波速的钻孔数量不宜少于 2 个，测试数据变化较大时，可适量增加；对小区中处于同一地质单元内的密集建筑群，测试土层剪切波速的钻孔数量可适量减少，但每幢高层建筑和大跨空间结构的钻孔数量均不得少于 1 个。
>
> 3. 对丁类建筑及丙类建筑中层数不超过 10 层、高度不超过 24m 的多层建筑，当无实测剪切波速时，可根据岩土名称和性状，按表 4.1.3 划分土的类型，再利用当地经验在表 4.1.3 的剪切波速范围内估算各土层的剪切波速。
>
> **表 4.1.3　土的类型划分和剪切波速范围**
>
> | 土的类型 | 岩土名称和性状 | 土层剪切波速范围/（m/s） |
> |---|---|---|
> | 岩石 | 坚硬、较硬且完整的岩石 | $v_s > 800$ |
> | 坚硬土或软质岩石 | 破碎和较破碎的岩石或软和较软的岩石，密实的碎石土 | $800 \geqslant v_s > 500$ |
> | 中硬土 | 中密、稍密的碎石土，密实、中密的砾、粗砂、中砂，$f_{ak} > 150$ 的黏性土和粉土，坚硬黄土 | $500 \geqslant v_s > 250$ |
> | 中软土 | 稍密的砾、粗砂、中砂，除松散外的细砂、粉砂，$f_{ak} \leqslant 150$ 的黏性土和粉土，$f_{ak} > 130$ 的填土，可塑新黄土 | $250 \geqslant v_s > 150$ |
> | 软弱土 | 淤泥和淤泥质土，松散的砂，新近沉积的黏性土和粉土，$f_{ak} \leqslant 130$ 的填土，流塑黄土 | $v_s \leqslant 150$ |
>
> 注：f_{ak} 为由载荷试验等方法得到的地基承载力特征值（kPa），v_s 为岩土剪切波速。

对于分层土，在划分场地类别时需根据土层的等效剪切波速划分，如图 2-1 所示。土层等效剪切波速反映各层土的综合刚度，其值可根据地震波通过计算深度范围内各土层的总时间等于该波通过同一计算深度的单一折算土层所需的时间求得。

《抗震规范》第 4.1.5 条土层等效剪切波速计算的规定：

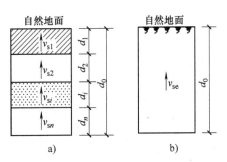

图 2-1　土层等效剪切波速计算

a）原土层　b）折算土层

4.1.5 土层的等效剪切波速，应按下列公式计算

$$v_{se} = d_0/t \qquad (4.1.5\text{-}1)$$

$$t = \sum_{i=1}^{n} (d_i/v_{si}) \qquad (4.1.5\text{-}2)$$

式中 v_{se}——土层等效剪切波速（m/s）；

d_0——计算深度（m），取覆盖层厚度和 20m 两者的较小值；

t——剪切波在地面至计算深度之间的传播时间；

d_i——计算深度范围内第 i 土层的厚度（m）；

v_{si}——计算深度范围内第 i 土层的剪切波速（m/s）；

n——计算深度范围内土层的分层数。

2.2.2 建筑场地类别划分

建筑场地类别是场地条件的基本表征，场地条件对地震的影响已被多次大地震的震害现象、理论分析结果和强震资料所证实。研究表明，场地土的刚度及场地覆盖层厚度是影响地表振动的主要因素。场地土的刚度可通过土层的等效剪切波速反映。

场地覆盖层厚度在《抗震规范》第 4.1.4 条规定：

4.1.4 建筑场地覆盖层厚度的确定，应符合下列要求：

1. 一般情况下，应按地面至剪切波速大于 500m/s 且其下卧各层岩土的剪切波速均不小于 500m/s 的土层顶面的距离确定。

2. 当地面 5m 以下存在剪切波速大于其上部各土层剪切波速 2.5 倍的土层，且该层及其下卧各层岩土的剪切波速均不小于 400m/s 时，可按地面至该土层顶面的距离确定。

3. 剪切波速大于 500m/s 的孤石、透镜体，应视同周围土层。

4. 土层中的火山岩硬夹层，应视为刚体，其厚度应从覆盖土层中扣除。

建筑场地类别应根据土层等效剪切波速和场地覆盖层厚度划分为 Ⅰ、Ⅱ、Ⅲ、Ⅳ 四类，其中 Ⅰ 类又分为 I_0、I_1 两个亚类，当有充分依据时可适当调整。确定场地覆盖层厚度时，应注意薄的夹砂层、砾石层或孤石不得作为基岩对待。

《抗震规范》第 4.1.6 条规定：

4.1.6 建筑的场地类别，应根据土层等效剪切波速和场地覆盖层厚度按表 4.1.6 划分为四类，其中 Ⅰ 类分为 I_0、I_1 两个亚类。当有可靠的剪切波速和覆盖层厚度且其值处于表 4.1.6 所列场地类别的分界线附近时，应允许按插值方法确定地震作用计算所用的特征周期。

表 4.1.6 各类建筑场地的覆盖层厚度 （单位：m）

岩石的剪切波速或土的等效剪切波速 / (m/s)	场 地 类 别				
	I_0	I_1	Ⅱ	Ⅲ	Ⅳ
$v_s > 800$	0				

（续）

岩石的剪切波速或土的等效剪切波速 / (m/s)	场 地 类 别				
	I$_0$	I$_1$	II	III	IV
$800 \geq v_s > 500$	0				
$500 \geq v_s > 250$		<5	≥5		
$250 \geq v_s > 150$		<3	3~50	>50	
$v_s \leq 150$		<3	3~15	15~80	>80

注：表中 v_s 是岩石的剪切波速。

应当注意，建筑场地类别与前述的场地土类型是两个完全不同的概念，场地土类型只反映某类单一土质情况，而建筑场地类别是对位于覆盖层厚度范围内的各类土质的综合评价。

例 2-2 已知某建筑场地的地质钻探资料，见表 2-1，试确定该建筑场地的场地类型。

表 2-1 某建筑场地的地质钻探资料

底层深度/m	土层厚度/m	土的名称	土层剪切波速 v_{si}/(m/s)
9.5	9.5	砂	170
37.8	28.3	淤泥质土	135
43.6	7.8	砂	240
60.1	12.5	淤泥质土	200
67.6	7.85	细砂	310
86.50	18.5	砾混粗砂	550

【解】（1）确定覆盖层厚度

因地面 67.6m 以下处剪切波速 550m/s 大于 500m/s，所以覆盖层厚度取为 67.6m。

（2）计算深度的确定

由《抗震规范》第 4.1.5 条可知，因计算深度取覆盖层厚度 67.6m 和 20m 两者的较小值，故 $d_0 = 20$m。

（3）确定地面下土层的等效剪切波速

确定地面下 20m 范围内土的类型，计算等效剪切波速 v_{se} 为

$$v_{se} = \frac{d_0}{\sum_{i=1}^{n} (d_i/v_{se})} = \frac{20}{9.5/170 + 10.5/135} \text{m/s} = 149.6 \text{m/s}$$

因为等效剪切波速 ≤150m/s，所以表层土属于软弱土。

（4）确定建筑场地类别

根据表层土的等效剪切波速 149.6m/s 和覆盖层厚度 67.6m，查表 4.1.6 可知，该建筑场地类别属于 III 类。

2.3 地基基础抗震验算

基础在建筑结构中起着承上启下的作用，一方面要承担上部结构传来的荷载，另一方面

还要将内力传给基础下面的地基,同时地基应满足变形和承载力的要求。

2.3.1 地基震害的特点

从国内外多次地震的勘察资料可知,在地震时,一般土层地基很少发生问题,多数的天然地基具有较好的抗震性能,很少发生因地基承载力不足而造成的破坏。地基基础震害较少的原因主要有两方面:一是在地震作用前有较多的安全储备,二是大多数地基在地震作用下来不及变形。

地基破坏的原因较集中和明确。虽然地基失效会导致各种各样的破坏,如沉降、倾斜、墙裂缝、地表裂缝、滑移、隆起等,但这些破坏的原因不外乎砂性土的振动液化、软弱黏土的振动软化和不均匀地基引起的差异沉降。

2.3.2 可不进行天然地基及基础抗震承载力验算的建筑

从多次强地震遭受破坏的建筑物中可以看出,大量的一般性地基具有较好的抗震性能,极少发现因地基承载力不足而导致的震害。不仅在坚硬或中硬场地土上,而且在大量的中软或软弱场地土上,未经抗震设防的建筑、地基和基础一般也能经受强烈地震的考验,而未发生地基震害。既然大量的一般地基具有较好的抗震性能,那么按地基承载力设计的地基也能够满足抗震要求,所以为了简化和减少抗震设计的工作量,《抗震规范》第4.2.1条规定了一部分建筑物可不进行天然地基及基础抗震承载力验算。

> 4.2.1 下列建筑可不进行天然地基及基础的抗震承载力验算:
> 1. 本规范规定可不进行上部结构抗震验算的建筑。
> 2. 地基主要受力层范围内不存在软弱黏性土层的下列建筑:
> 1) 一般的单层厂房和单层空旷房屋。
> 2) 砌体房屋。
> 3) 不超过8层且高度在24m以下的一般民用框架和框架-抗震墙房屋。
> 4) 基础荷载与3) 项相当的多层框架厂房和多层混凝土抗震墙房屋。
> 注:软弱黏性土层指7度、8度和9度时,地基承载力特征值分别小于80kPa、100kPa和120kPa的土层。

2.3.3 地基的抗震措施

天然地基上只有少数建(构)筑物是因为地基失效导致的上部结构发生破坏,而且这类地基多为液化地基、容易发生震陷的软弱黏土地基或严重不均匀地基。虽然造成地基失效的只是一小部分,但这类地基震害却是不可忽视的。

历次震害调查表明,一旦地基发生破坏,震害相当严重,震后的修复加固也非常困难,所以设计地震区的建筑物,应根据场地土质的不同情况采用不同的处理方案,采取相应的抗震措施。《抗震规范》第3.3.4条规定:

> 3.3.4 地基和基础设计应符合下列要求:
> 1. 同一结构单元的基础不宜设置在性质截然不同的地基上。

2. 同一结构单元不宜部分采用天然地基部分采用桩基；当采用不同基础类型或基础埋深显著不同时，应根据地震时两部分地基基础的沉降差异，在基础、上部结构的相关部位采取相应措施。

3. 地基为软弱黏性土、液化土、新近填土或严重不均匀土时，应根据地震时地基不均匀沉降和其他不利影响，采取相应的措施。

在地基条件无可选择，也无力加固地基的情况下，可考虑加强上部结构和基础的整体性与刚性，如选择合适的基础埋置深度和基础形式，调整基础面积以减少基础偏心，设置基础圈梁、基础连系梁等。

2.3.4　地基抗震承载力及抗震验算

天然地基抗震验算一般采用等效静力法。此法假定地震作用如同静力，一般只考虑水平方向的地震作用，只有个别情况下才计算竖直方向的地震作用。承载力的验算方法与静力状态下的相同，即基础底面积的压力不超过承载力的设计值，但考虑地震作用后的静承载力有所调整。

地基土抗震承载力，除了十分软弱的土层外，一般地基的抗震承载力取值要比其静承载力有所提高。这是因为土的动强度一般较其静强度要高，而且地震作用下可靠度允许适当降低。在等效静力法中，一般采用在地基土静承载力的基础上乘以一个大于 1 的调整系数的办法来确定地基土抗震承载力。进行天然地基基础抗震验算时，《抗震规范》第 4.2.2 条 ~ 第 4.2.4 条规定：

4.2.2　天然地基基础抗震验算时，应采用地震作用效应标准组合，且地基抗震承载力应取地基承载力特征值乘以地基抗震承载力调整系数计算。

4.2.3　地基抗震承载力应按下式计算

$$f_{aE} = \zeta_a f_a \tag{4.2.3}$$

式中　f_{aE}——调整后的地基抗震承载力；

　　　ζ_a——地基抗震承载力调整系数，应按表 4.2.3 采用；

　　　f_a——深宽修正后的地基承载力特征值，应按《建筑地基基础设计规范》（GB 50007—2011）采用。

表 4.2.3　地基抗震承载力调整系数

岩土名称和性状	ζ_a
岩石，密实的碎石土，密实的砾、粗砂、中砂，$f_{ak} \geqslant 300\text{kPa}$ 的黏性土和粉土	1.5
中密、稍密的碎石土，中密和稍密的砾、粗砂、中砂，密实和中密的细砂、粉砂，$150\text{kPa} \leqslant f_{ak} < 300\text{kPa}$ 的黏性土和粉土，坚硬黄土	1.3
稍密的细砂、粉砂，$100\text{kPa} \leqslant f_{ak} < 150\text{kPa}$ 的黏性土和粉土，可塑黄土	1.1
淤泥，淤泥质土，松散的砂，杂填土，新近堆积黄土及流塑黄土	1.0

4.2.4　验算天然地基地震作用下的竖向承载力时，按地震作用效应标准组合的基础底面平均压力和边缘最大压力应符合下列各式要求

$$p \leqslant f_{aE} \tag{4.2.4-1}$$

$$p_{max} \leqslant 1.2 f_{aE} \tag{4.2.4-2}$$

式中 p——地震作用效应标准组合的基础底面平均压力；

p_{max}——地震作用效应标准组合的基础边缘最大压力。

高宽比大于 4 的高层建筑，在地震作用下基础底面不宜出现脱离区（零应力区）；其他建筑，基础底面与地基土之间脱离区（零应力区）的面积不应超过基础底面面积的 15%。

在进行地基承载力计算时，对于地震区的建筑物应首先进行静力设计，合理确定基础埋深，确定基础尺寸，对地基进行静强度及变形验算后再按《抗震规范》第 4.2.4 条进行抗震承载力计算。

例 2-3 某建筑物的室内柱基础如图 2-2 所示，考虑地震作用组合，其内力组合值在室内地坪（±0.000）处为 F_k = 820kN，M_k = 600kN·m，V_k = 90kN。基底尺寸 $B \times L = 3m \times 3.2m$，基础埋深 $d = 2.2m$，G_k 为基础自重和基础上的土重标准值，G_k 的平均重度 $\gamma_0 = 20kN/m^3$；建筑场地均为红黏土，其重度 $\gamma_1 = 18kN/m^3$，含水比 $a_w > 0.8$。地基承载力特征值 $f_{ak} = 160kN/m^2$。要求：进行独立基础的抗震验算。

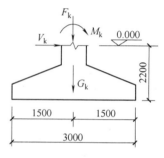

图 2-2 某建筑物的室内柱基础

【解】 （1）求基础底面的压力值

$$G_k = 3.2 \times 3 \times 2.2 \times 20 kN = 422.4 kN$$

$$N_k = F_k + G_k = 820 kN + 422.4 kN = 1242.4 kN$$

$$M_k = 600 kN \cdot m + 90 \times 2.2 kN \cdot m = 798 kN \cdot m$$

$$e = M_k / N_k = 798 / 1242.4 m = 0.643 m > B/6 = 3/6 m = 0.5 m$$

$$a = 0.5B - e = 0.5 \times 3 m - 0.643 m = 0.857 m$$

作用于基础底部的平均压力和最大压力

$$p = N_k / A = 1242.4 / (3 \times 3.2) kN/m^2 = 129.4 kN/m^2$$

$$p_{max} = 2N_k / 3La = 2 \times 1242.4 / (3 \times 3.2 \times 0.857) kN/m^2 = 302 kN/m^2$$

（2）地基承载力特征值的修正及地基抗震承载力的确定

由《建筑地基基础设计规范》（GB 50007—2016）表 5.2.4，$a_w > 0.8$ 的红黏土的 $\eta_b = 0$，$\eta_d = 1.2$

$$f_a = f_{ak} + \eta_d \gamma_1 (d - 0.5) = 160 kN/m^2 + 1.2 \times 18 \times (2.2 - 0.5) kN/m^2 = 196.7 kN/m^2$$

由地基抗震承载力调整系数 $\zeta_a = 1.3$ 可得

$$f_{aE} = \zeta_a f_a = 1.3 \times 196.7 kN/m^2 = 255.7 kN/m^2$$

（3）地基土抗震承载力验算

$$p = 129.4 kN/m^2 < f_{aE} = 255.7 kN/m^2，满足要求。$$

$$p_{max} = 302 kN/m^2 < 1.2 f_{aE} = 1.2 \times 255.7 kN/m^2 = 306.8 kN/m^2，满足要求。$$

（4）基础底面与地基土之间零应力区的长度

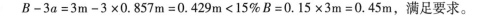

$B - 3a = 3\text{m} - 3 \times 0.857\text{m} = 0.429\text{m} < 15\% B = 0.15 \times 3\text{m} = 0.45\text{m}$，满足要求。

2.4 液化地基

2.4.1 液化机理及影响液化因素

液化是指物体由固体转化为液体的一种现象。松散砂土受到振动时，土体有变密的趋势。由于地震突然作用，饱和砂土中的孔隙水来不及排出，孔隙水压力骤升，砂粒之间的有效应力随之降低，当孔隙水压力上升到使砂粒间的应力降为零时，砂土便呈现流体状态。

影响液化的因素很多，主要有以下几种：

（1）振动强度：没有一定的振动强度，土不会液化。根据统计，震级在5级（包括5级）以下，烈度在6度（包括6度）以下，很少发生液化现象。

（2）土有无黏性：黏粒（直径小于0.005mm的颗粒）含量越高，黏性就越大，土就越不易液化，这是因为黏性帮助土颗粒维持稳定。实践中遇到的液化土多为砂土、粉土等无黏性或黏性很弱的土，几乎看不到黏性土液化。

（3）土的渗透性：渗透性大的土，排水速度快，孔隙水压力不易上升，因而也不易液化，所以很少看到砾砂、碎石液化。

（4）土的密度：并非所有的砂土、粉土都会液化。如果在振动状态下，土相对来讲密度较好，没有在该强度的振动下变密的趋势，孔隙水压力不上升，则不会液化。一般会液化的土是密度不太高的砂性土，十分密实的砂土、粉土并不液化。

2.4.2 液化危害的类型与特点

地震时，地表出现喷砂冒水现象时，表明场地中的砂土层已产生液化。

地基砂土液化，一方面造成地基失效，地面震陷，致使建筑物下沉、倾斜甚至倒塌，同时也有可能使地下管线、地下车库等浮托至地面而造成极大灾害。另一方面，由于临近地下水附近的场地，或基底呈一定坡度的场地，易出现液化的侧向扩展，引发场地土体的移动，使地面产生较大的位移，结果导致场地失稳、变形，岸坡滑塌，河道变窄，桥梁和水工构造物的墩（台）、桩底倾斜、折断，桥面坍塌并造成地下生命线工程的严重破坏。对液化地基、震陷地基和不均匀地基上的建筑物可采用一些抗震措施来减少地基震害。

为了减少地基液化的危害，《抗震规范》第4.3条提出了应采取的对策：首先，进行液化判别；其次，一旦属于液化土，应确定地基的液化等级；最后，根据地基的液化等级和建筑的抗震设防类别，结合具体情况采取相应的措施。

2.4.3 液化判别与危害性分析

震害调查结果表明，6度时，液化对房屋结构所造成的震害比较轻，因此《抗震规范》第4.3.1条规定，6度时，除对液化沉陷敏感的乙类建筑外，一般不考虑液化。对其他情况均应考虑液化判别问题，《抗震规范》给出了一个两阶段判别方法，即初步判别和标准贯入试验判别。

4.3.1 饱和砂土和饱和粉土（不含黄土）的液化判别与地基处理，6度时，一般情况下可不进行判别和处理，但对液化沉陷敏感的乙类建筑可按7度的要求进行判别和处理；7～9度时，乙类建筑可按本地区抗震设防烈度的要求进行判别和处理。

（1）第一步，先进行初步判别。其目的在于在初堪阶段即能判断出不液化的情况，这样在详勘阶段就不必考虑液化问题，从而节省详勘的费用与时间。具体规定见《抗震规范》第4.3.3条。

4.3.3 饱和的砂土或粉土（不含黄土），当符合下列条件之一时，可初步判别为不液化或可不考虑液化影响：

1. 地质年代为第四纪晚更新世（Q_3）及其以前时，7度、8度时可判为不液化。

2. 粉土的黏粒（粒径小于0.005mm的颗粒）含量百分率，7度、8度和9度分别不小于10、13与16时，可判为不液化土。

注：用于液化判别的黏粒含量是采用六偏磷酸钠作分散剂测定，采用其他方法时应按有关规定换算。

3. 浅埋天然地基的建筑，当上覆非液化土层厚度和地下水位深度符合下列条件之一时，可不考虑液化影响：

$$d_u > d_0 + d_b - 2 \tag{4.3.3-1}$$

$$d_w > d_0 + d_b - 3 \tag{4.3.3-2}$$

$$d_w + d_u > 1.5d_0' + 2d_b - 4.5 \tag{4.3.3-3}$$

式中 d_w——地下水位深度（m），宜按设计基准期内年平均最高水位采用，也可按近期内年最高水位采用；

d_u——上覆非液化土层厚度（m），计算时宜将淤泥和淤泥质土层扣除；

d_b——基础埋置深度（m），不超过2m时应采用2m；

d_0——液化土特征深度（m），可按表4.3.3采用。

表4.3.3 液化土特征深度 （单位：m）

饱和土类别	7度	8度	9度
粉土	6	7	8
砂土	7	8	9

注：当区域的地下水处于变动状态时，应按不利的情况考虑。

（2）第二步，再进行标准贯入试验判别。凡土层初判可能液化或需要考虑液化影响时，应采用标准贯入试验进一步确定其是否液化。

4.3.4 当饱和砂土、粉土的初步判别认为需进一步进行液化判别时，应采用标准贯入试验判别法判别地面下20m范围内土的液化；但对本规范第4.2.1条规定的可不进行天然地基及基础的抗震承载力验算的各类建筑，可只判别地面下15m范围内土的液化。当饱和土标准贯入锤击数（未经杆长修正）小于或等于液化判别标准贯入锤击数临界值时，应判为液化土。当有成熟经验时，还可采用其他判别方法。

在地面下 20m 深度范围内，液化判别标准贯入锤击数临界值可按下式计算

$$N_{cr} = N_0\beta \left[\ln\left(0.6d_s + 1.5 \right) - 0.1d_w \right] \sqrt{3/\rho_c} \tag{4.3.4}$$

式中　N_{cr}——液化判别标准贯入锤击数临界值；

　　　N_0——液化判别标准贯入锤击数基准值，可按表 4.3.4 采用；

　　　d_s——饱和土标准贯入点深度（m）；

　　　d_w——地下水位（m）；

　　　ρ_c——黏粒含量百分率，当小于 3 或为砂土时，应采用 3；

　　　β——调整系数，设计地震第一组取 0.80，第二组取 0.95，第三组取 1.05。

表 4.3.4　液化判别标准贯入锤击数基准值 N_0

设计基本地震加速度/g	0.10	0.15	0.20	0.30	0.40
液化判别标准贯入锤击数基准值	7	10	12	16	19

对经过判别确定为地震时可能液化的土层，应从工程的角度预估液化土可能带来的危害。一般液化土层土质越松，土层越厚，位置越浅，地震强度越高，则液化危害就越大。

采用标准贯入试验，得到的是地表以下土层中若干个高程处的标准贯入值（锤击数），可相应判别该点附近土层的液化可能性，是对地基液化的定性判别，还不能对液化程度及液化危害作定量评价。由于建筑场地一般是由多层土组成的，其中一些土层被判别为液化，而另一些土层被判别为不液化，由于液化程度不同，对结构造成的破坏也就不同，因此应进一步作液化危害性分析，对液化的严重程度作出评价。所以《抗震规范》第 4.3.5 条对没有侧向扩展危险的液化层，给出了液化的可能性和危害程度的定量指标。对存在液化砂土层、粉土层的地基，用土层的液化指数，按规范综合划分地基的液化等级。《抗震规范》中的表 4.3.5 给出了液化等级与液化指数的对应关系。

表 4.3.5　液化等级与液化指数的对应关系

液化等级	轻微	中等	严重
液化指数 I_{IE}	$0 < I_{IE} \le 6$	$6 < I_{IE} \le 18$	$I_{IE} > 18$

当液化指数较大时，液化危害普遍较重，场地喷砂冒水严重，涌砂量大，地面变形明显，覆盖面广；建筑较大时，建筑物的不均匀沉降很大，高重心结构还会产生倾倒。

2.4.4　地基土抗液化措施

当地基已判别为液化，液化等级或震陷已确定后，下一步的任务就是选择抗液化措施。

抗液化措施的选择首先要考虑建筑物的重要性和地基液化等级，对不同重要性的建筑物和不同液化等级的地基，采取不同的抗液化措施。《抗震规范》第 4.3.6 条给出了抗液化的基本原则：

4.3.6　当液化砂土层、粉土层较平坦且均匀时，宜按表 4.3.6 选用地基抗液化措施；还可计入上部结构重力荷载对液化危害的影响；根据液化震陷量的估计适当调整抗液化措施。不宜将未经处理的液化土层作为天然地基持力层。

表 4.3.6　抗液化措施

抗震等级	地基的液化等级		
设防类别	轻微	中等	严重
乙类	部分消除液化沉陷,或对基础和上部结构处理	全部消除液化沉陷,或部分消除液化沉陷且对基础和上部结构处理	全部消除液化沉陷
丙类	基础和上部结构处理,也可不采取措施	基础和上部结构处理,或更高要求的措施	全部消除液化沉陷,或部分消除液化沉陷且对基础和上部结构处理
丁类	可不采取措施	可不采取措施	基础和上部结构处理,或其他经济的措施

注:甲类建筑的地基抗液化措施应进行专门研究,但不宜低于乙类的相应要求。

当根据上述原则采取具体措施时,还应考虑当地的经济条件、机具设备、技术条件和材料来源等。

地基抗液化措施大体上分为两类,一类是地基进行抗液化处理,另一类是结构构造方面的措施。

全部消除地基液化沉陷的措施见《抗震规范》第 4.3.7 条,部分消除地基液化沉陷的措施见《抗震规范》第 4.3.8 条。

4.3.7　全部消除地基液化沉陷的措施,应符合下列要求:

1. 采用桩基时,桩端伸入液化深度以下稳定土层中的长度(不包括桩尖部分),应按计算确定,且对碎石土,砾、粗砂、中砂,坚硬黏性土和密实粉土还不应小于 0.8m,对其他非岩石土还不宜小于 1.5m。

2. 采用深基础时,基础底面应埋入液化深度以下的稳定土层中,其深度不应小于 0.5m。

3. 采用加密法(如振冲、振动加密、挤密碎石桩、强夯等)加固时,应处理至液化深度下界;振冲或挤密碎石桩加固后,桩间土的标准贯入锤击数不宜少于本规范第 4.3.4 条规定的液化判别标准贯入锤击数临界值。

4. 用非液化土替换全部液化土层,或增加上覆非液化土层的厚度。

5. 采用加密法或换土法处理时,在基础边缘以外的处理宽度,应超过基础底面下处理深度的 1/2 且不小于基础宽度的 1/5。

4.3.8　部分消除地基液化沉陷的措施,应符合下列要求:

1. 处理深度应使处理后的地基液化指数减少,其值不宜大于 5;大面积筏基、箱基的中心区域,处理后的液化指数可比上述规定降低 1;对独立基础和条形基础,还不应小于基础底面下液化土特征深度和基础宽度的较大值。

注:中心区域指位于基础外边缘以内沿长宽方向距外边界大于相应方向 1/4 长度的区域。

2. 采用振冲或挤密碎石桩加固后,桩间土的标准贯入锤击数不宜少于本规范第 4.3.4 条规定的液化判别标准贯入锤击数临界值。

3. 基础边缘以外的处理宽度，应符合本规范第 4.3.7 条第 5 款的要求。

4. 采取减小液化震陷的其他方法，如增厚上覆非液化土层的厚度和改善周边的排水条件等。

减轻液化影响的基础和上部结构处理见《抗震规范》第 4.3.9 条。

4.3.9 减轻液化影响的基础和上部结构处理，可综合采用下列各项措施：

1. 选择合适的基础埋置深度。

2. 调整基础底面积，减少基础偏心。

3. 加强基础的整体性和刚度，如采用箱基、筏基或钢筋混凝土交叉条形基础，加设基础圈梁等。

4. 减轻荷载，增强上部结构的整体刚度和均匀对称性，合理设置沉降缝，避免采用对不均匀沉降敏感的结构形式等。

2.5 软土地基

2.5.1 软土地基的震害

软土地基是指地基主要受力层范围内存在软弱黏性土层和湿陷性黄土层，软弱黏性土的地基承载力低、压缩性大。如设计不周全，施工质量不好，就会使房屋大量沉降和不均匀沉降，造成上部结构开裂。这样，在地震时就会加剧房屋的震害。

2.5.2 软土地基的抗震措施

常用的软土地基的抗震措施有：采用桩基或进行地基加固处理，这是因为桩基比天然地基的震陷要小得多；选择合适的基础埋深；减轻基础荷载，调整基础底面积和减小基础偏心，使建筑单元各部分的基底压力尽可能均匀，以达到减小震陷的目的；加强基础的整体性与刚度，如采用箱基、筏基或钢筋混凝土交叉条形基础；增强上部结构的整体刚度和均匀对称性，合理设置沉降缝，预留结构净空，避免采用对不均匀沉降敏感的结构形式；室内外管道的设置与连接应采用能适应不均匀沉降的措施。

本项目小结

1. 在进行建筑物选址时，要注意场地地段的选择，挑选对建筑抗震有利的地段；尽可能避开对建筑抗震不利的地段；任何情况下不得在抗震危险的地段上建造可能引起人员伤亡或较大经济损失的建筑物。

2. 场地土按其剪切波速划分为五类，即岩石、坚硬土或软质岩石、中硬土、中软土和软弱土。对于丁类建筑及丙类建筑中层数不超过 10 层、高度不超过 24m 的多层建筑，当无实测剪切波速时，可根据岩土名称和性状划分土的类型。

3. 建筑场地的特性对建筑物的地震反应有很大的影响，为此《抗震规范》将场地的类别划分为Ⅰ、Ⅱ、Ⅲ、Ⅳ四类，其分类的依据由土层等效剪切波速和场地覆盖层厚度两个因素决定。

4. 土层的液化判别分两步进行：初步判别和标准贯入试验判别。对存在液化砂土层、粉土层的地基，用土层的液化指数，按规范综合划分地基的液化等级。

5. 当地基已判别为液化，液化等级或震陷已确定后，下一步的任务就是选择抗液化措施。抗液化措施的选择首先要考虑建筑物的重要性和地基液化等级，对不同重要性的建筑物和不同液化等级的地基，采取不同的抗液化措施。

能力拓展训练题

一、思考题

1. 选择建筑场地的原则是什么？场地地段如何划分？场地土分为哪几种类型？怎样划分建筑场地的类别？

2. 简述地基基础抗震验算的原则。哪些建筑可不进行天然地基及基础抗震承载力验算？

3. 什么是地基土的液化？影响土液化的因素是什么？地基土的液化等级分为哪几种？

4. 在软弱黏性土地基上的建筑物，应注意哪些问题？

二、选择题

1. 划分有利、不利、危险地段所考虑的因素有（　　）。

A. 地质　　B. 地形　　C. 地貌　　D. 场地覆盖层厚度　　E. 建筑的重要性

F. 基础的类型

2. 某丁类建筑位于黏性土场地，地基承载力特征值 $f_{ak}=210kPa$，无实测剪切波速，其土层剪切波的估算值宜采用（　　）。

A. $v_s=170m/s$　　B. $v_s=250m/s$　　C. $v_s=320m/s$　　D. $v_s=520m/s$

3. 确定场地覆盖层厚度时，下述说法中不正确的是（　　）。

A. 一般情况下，应按地面至剪切波速大于500m/s的土层顶面的距离确定

B. 当地面5m以下存在剪切波速大于其上部各土层剪切波速2.5倍的土层，且该层及其下卧各层岩土的剪切波速均不小于400m/s时，可按地面至该土层顶面的距离确定

C. 剪切波速大于500m/s的孤石、透镜体可作为稳定下卧层

D. 土层中的火山岩硬夹层，应视为刚体，其厚度应从覆盖土层中扣除

4. 下列哪些建筑需要进行基础的抗震验算？

A. 砌体房屋　　　　　　B. 不超过8层且高度在25m以下的一般民用框架房屋

C. 一般的多层厂房　　　D. 高度在40m以上的一般民用框架房屋

5. 场地土根据土层等效剪切波速和场地覆盖层厚度综合确定为四类，其中（　　）最为坚硬。

A. Ⅰ类场地土　　B. Ⅱ类场地土　　C. Ⅲ类场地土　　D. Ⅳ类场地土

三、练习题

已知某建筑场地的地质钻探资料见表2-2，试确定该建筑场地的场地类型。

表 2-2　建筑场地的地质资料

底层深度/m	土层厚度/m	土的名称	土层剪切波速/(m/s)
12	12	黏土	130
22	10	粉质黏土	260
45	33	泥岩强风化	900

项目三　地震作用和结构抗震验算

【知识目标】

了解抗震理论的发展；理解地震作用的概念；了解单质点弹性体系水平地震作用计算的基本概念；理解地震影响系数和地震影响系数曲线；了解多质点弹性体系水平地震作用计算的相关规定；了解竖向地震作用的概念和计算方法；了解截面抗震验算和罕遇地震作用下结构的弹塑性变形验算。

【能力目标】

熟练掌握底部剪力法的概念及计算；理解多遇地震作用下结构的弹性变形验算。

3.1　概述

3.1.1　地震作用

《抗震规范》第2.1.4条对地震作用的解释如下：

> 2.1.4　地震作用
>
> 由地震动引起的结构动态作用，包括水平地震作用和竖向地震作用。

地震释放的能量，以地震波的形式向四周扩散，地震波到达地面后引起地面运动，使地面原来处于静止的建筑物受到动力作用而产生强迫振动，在振动过程中作用在结构上的惯性力就是地震作用。作用在结构上的惯性力是一种能反映地震影响的等效荷载。地震作用下在结构中产生的内力、变形和位移等称为结构的地震反应或结构的地震作用效应。

地震作用与一般荷载不同，它不仅与地面运动的频谱特性、持续时间及强度有关，而且还与结构的动力特性（如结构的自振周期、振型、阻尼等）有密切的关系。由于地震时的地面运动是一种随机过程，运动极不规则，且建筑物一般是由各种构件组成的空间体系，其动力特性十分复杂，所以确定地震作用要比确定一般荷载更为复杂。

建筑结构抗震设计首先要计算结构的地震作用，由此求出结构和构件的地震作用效应，然后验算结构和构件的抗震承载力及变形是否超过允许值，因此确定地震作用是一个十分重要的问题。

3.1.2　结构抗震理论的三个发展阶段

1. 静力理论阶段——静力法

1899年，日本地震学家大森房吉提出了静力法。假设建筑物为绝对刚体（图3-1），结

构所受的水平地震作用，可以简化为作用于结构上的等效水平静力 F，其大小等于结构重力荷载 G 的 k 倍，即

$$F = m \mid \ddot{x}_g \mid_{\max} = \frac{G}{g} \mid \ddot{x}_g \mid_{\max} = Gk \tag{3-1}$$

式中　k——地震系数，取 $k = \dfrac{\mid \ddot{x}_g \mid_{\max}}{g}$，反映震级、震中距、地基等的影响。

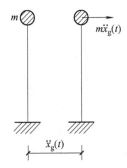

图 3-1　单质点体系

静力法的缺点：没有考虑结构的动力特性；地震时结构上任一点的振动加速度均等于地面运动的加速度，这意味着结构刚度是无限大的，即结构是刚性的。

2. 反应谱理论阶段

1943 年，美国皮奥特（M. A. Biot）发表了以实际地震记录求得的加速度反应谱，提出了弹性反应谱理论。按照反应谱理论，一个单自由度弹性体系结构的底部剪力或地震作用为

$$F = k\beta G \tag{3-2}$$

式中　G——重力荷载代表值；

　　　β——动力系数（反映结构的特性，如周期、阻尼等）。

由于反应谱理论正确而简单地反映了地震特性及结构的动力特性，故国际上普遍采用此方法，我国的《抗震规范》也广泛采用反应谱理论确定地震作用，其中以加速度反应谱应用最多。

3. 动力分析阶段——时程分析法

大量的震害分析表明，反应谱理论虽考虑了振幅和频谱两个要素，但地震持续时间对震害的影响始终在设计理论中没有得到反映。这是反应谱理论的局限性。

时程分析法将实际地震加速度时程记录作为动荷载输入，进行结构的地震响应分析，这样不仅可以全面考虑地震强度、频谱特性、地震持续时间，还进一步考虑了反应谱所不能概括的其他特性。时程分析法用于大震分析计算，借助于计算机计算。

3.2　单质点弹性体系水平地震作用计算

3.2.1　基本概念

1. 单质点弹性体系

单质点弹性体系是指可以将结构参与振动的全部质量集中于一点，用无质量的弹性直杆支撑于地面上的结构体系，如水塔、单层框架结构。在进行结构动力计算时，可将该结构中参与振动的所有质量全部折算于结构的屋盖处，将墙和柱视为一个无质量的弹性杆，这样就把结构简化为一个单质点体系。

一个自由质点，若不考虑其转动，则相对于空间坐标系有 3 个独立的唯一分量，因而有三个自由度（上下、左右、前后），而在平面内只有两个自由度。由于忽略了杆件的轴向变形，如图 3-2 所示，质点只考虑沿水平方向移动，因此单质点体系只有一个自由度。

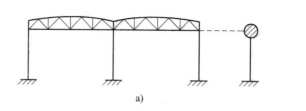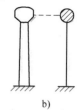

图 3-2　单质点弹性体系

2. 单质点弹性体系受力分析

计算单质点弹性体系的地震反应时，一般假定地基不产生转动，而把地基的运动分解为一个竖向和两个水平方向的分量，然后分别计算这些分量对结构的影响。如取质点 m 为隔离体（图 3-3），由结构动力学原理可知，作用在质点上的力有三种：惯性力、弹性恢复力和阻尼力。

（1）惯性力 F 的大小与质点运动的绝对加速度成正比，方向相反

$$F = -m[\ddot{x}_g(t) + \ddot{x}(t)] \tag{3-3}$$

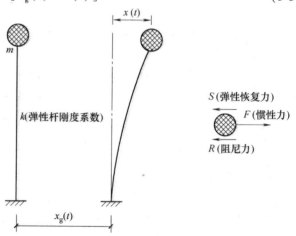

式中　$x_g(t)$——地震时地面的水平位移；

$\quad\quad\quad x(t)$——质点对地面的相对位移；

$x_g(t) + x(t)$——质点的总位移；

$\ddot{x}_g(t) + \ddot{x}(t)$——质点的绝对加速度。

（2）弹性恢复力 S 是使质点从振动位置恢复到平衡位置的一种力，其大小与质点 m 的相对位移 $x(t)$ 成正比，而方向与位移方向相反

$$S = -kx(t) \tag{3-4}$$

式中　k——弹性直杆的刚度系数，即质点发生单位水平位移时在质点处所施加的力。

图 3-3　地震作用下单质点弹性体系运动状态

（3）阻尼力 R 是在振动过程中，使体系振动不断衰减的力，它由材料的内摩擦、构件连接处的摩擦、地基土的内摩擦及周围介质对振动的阻力等因素引起。在工程计算中通常采用粘滞阻尼理论，假定阻尼力的大小与质点的相对速度成正比，而方向相反

$$R = -c\dot{x}(t) \tag{3-5}$$

式中　c——阻尼系数；

$\quad\dot{x}(t)$——质点速度。

3. 单质点弹性体系在地震作用下的运动方程

根据达朗贝尔原理，物体在运动中的任一时刻 t，作用在物体上的外力与惯性力相互平衡，即

$$F(t) + S(t) + R(t) = 0 \tag{3-6}$$

故运动方程为

$$m[\ddot{x}_g(t) + \ddot{x}(t)] = -kx(t) - c\dot{x}(t) \tag{3-7}$$

整理得

$$m\ddot{x}(t) + c\dot{x}(t) + kx(t) = -m\ddot{x}_g(t) \tag{3-8}$$

为使方程进一步简化，将式（3-8）两侧同除以 m，并引入参数 ω、ζ 后得到

$$\ddot{x}(t) + 2\zeta\omega\dot{x}(t) + \omega^2 x(t) = -\ddot{x}_g(t) \tag{3-9}$$

式中　ω——结构振动圆频率，$\omega = \sqrt{k/m}$；

ζ——结构阻尼比，$\zeta = \dfrac{c}{2\omega m} = \dfrac{c}{2\sqrt{km}}$。

式（3-9）为所要建立的单质点弹性体系在地震作用下的运动微分方程。

4. 运动方程求解

式（3-9）为一个常系数二阶非齐次线性微分方程，它的解包括两部分内容：一个是对应于齐次微分方程的通解，其代表体系自由振动；另一个是微分方程的特解，其代表地震作用下的强迫振动。

（1）齐次微分方程的通解。令式（3-9）右端为零，可得到单质点弹性体系有阻尼自由振动方程

$$\ddot{x}(t) + 2\zeta\omega\dot{x}(t) + \omega^2 x(t) = 0 \tag{3-10}$$

由特征方程的解可知，当 $\zeta > 1$ 时，为过阻尼状态，结构体系不振动；当 $\zeta < 1$ 时，为欠阻尼状态，体系产生振动；当 $\zeta = 1$ 时，为临界阻尼状态，此时体系也不发生振动，因此根据结构动力学可得到单质点弹性体系欠阻尼状态下的自由振动方程的解为

$$x(t) = e^{-\zeta\omega t}\left(x_0\cos\omega_d t + \frac{\dot{x}_0 + \zeta\omega x_0}{\omega_d}\sin\omega_d t\right) \tag{3-11}$$

式中　x_0、$\dot{x}_0$——$t = 0$ 时的初位移和初速度；

ω_d——有阻尼体系自由振动时的圆频率，$\omega_d = \omega\sqrt{1-\zeta^2}$。

在实际建筑工程中，阻尼比 ζ 一般取 $0.02 \sim 0.05$，$\omega_d = \omega\sqrt{1-\zeta^2} = (0.9998 \sim 0.9987)$，实际计算中可近似取 $\omega_d \approx \omega$。当 $\zeta = 0$ 时，为无阻尼状态，单质点弹性体系无阻尼自由振动可表达为

$$x(t) = x_0\cos\omega t + \frac{\dot{x}_0}{\omega}\sin\omega t \tag{3-12}$$

无阻尼自由振动是一个简谐振动，其周期为

$$T = \frac{2\pi}{\omega} = 2\pi\sqrt{\frac{m}{k}} \tag{3-13}$$

周期的倒数称为频率，即 $f = \dfrac{1}{T} = \dfrac{\omega}{2\pi}$，单位为赫兹（Hz），表示每秒钟的振动次数。

ω 称为圆频率，表示 2π 秒内的振动次数。频率或周期反映了结构的主要动力特性，它们与体系的质量和刚度有关，质量越大，周期就越长；刚度越大，周期就越短。自振周期是体系的固有属性而与外力无关，又称为固有周期。

（2）微分方程的特解。式（3-9）右端的 $\ddot{x}_g(t)$ 为建筑物所在场地的地面运动加速度，

一般可通过实测取得地震加速度记录。由于地震动的随机性，对强迫振动反应不可能求得具体的解析表达式，只能利用数值积分的方法求出数值解。在动力学中，一般有阻尼强迫振动位移反应由杜哈梅（Duhamel）积分给出：

$$x(t) = \int_0^t \mathrm{d}x(t) = -\frac{1}{\omega_\mathrm{d}} \int_0^t \ddot{x}_\mathrm{g}(\tau) \mathrm{e}^{-\zeta\omega(t-\tau)} \sin\omega_\mathrm{d}(t-\tau)\mathrm{d}\tau \tag{3-14}$$

（3）微分方程的全解。将式（3-11）与式（3-14）取和，即为式（3-9）常微分方程的全解。当结构体系的初位移和初速度为零时，体系自由振动反应为零；当结构体系的初位移或初速度为零时，由于体系有阻尼，体系的自由振动也会很快衰减，故式（3-11）通常可不考虑，而仅取强迫振动位移反应作为单自由度体系水平地震位移反应。

3.2.2 单质点弹性体系水平地震作用计算的反应谱法

对建筑结构进行抗震设计，需求得地震作用下结构各构件的内力，《抗震规范》的方法是根据地震作用下建筑结构的加速度反应，求出该结构体系的惯性力，将此惯性力作为一种反映地震影响的等效力，即地震作用；再进行结构的静力计算，求出各构件的内力；最后进行抗震验算，从而使结构抗震计算这一动力问题转化为静力计算问题。

1. 地震反应谱

地震反应谱是指单质点体系的地震最大绝对加速度反应与其自振周期 T 之间的关系曲线，根据地震反应内容的不同，可分为位移反应谱、速度反应谱及加速度反应谱。在结构抗震设计中，通常采用加速度反应谱，简称地震反应谱，记为 $S_\mathrm{a}(T)$。影响地震反应谱的因素有两个：一个是体系阻尼比，另一个是地震动。一般体系阻尼比越小，体系地震加速度反应就越大，地震反应谱值也就越大。

2. 设计反应谱

由地震反应谱可计算单质点体系的水平地震作用

$$F = mS_\mathrm{a}(T) \tag{3-15}$$

然而，地震反应谱除受结构体系阻尼比的影响外，还受地震动的振幅、频谱等的影响。由于地震的随机性，不同的地震记录，会有不同的地震反应谱，即使是同一地点、同一烈度，每次地震记录也是不一样的，地震反应谱也就不同，所以不能将某一次的地震反应谱作为设计反应谱，因此为满足一般建筑的抗震设计要求，应根据大量的强震记录计算出每条记录的反应谱曲线，然后通过统计分析，求出最有代表性的平均曲线，称为标准反应谱曲线，以此作为设计反应谱曲线。

为方便计算，将式（3-15）作如下变换

$$F = m|\ddot{x}(t) + \ddot{x}_\mathrm{g}(t)|_{\max} = mS_\mathrm{a}(T) = mg\frac{S_\mathrm{a}(T)}{|\ddot{x}_\mathrm{g}(t)|_{\max}} \cdot \frac{|\ddot{x}_\mathrm{g}(t)|_{\max}}{g} = G_\mathrm{E}\beta k = \alpha G_\mathrm{E} \tag{3-16}$$

式中　　F——水平地震作用；

　　　　G_E——集中于质点处的重力荷载代表值；

　　　　g——重力加速度；

　　　　β——动力系数；

　　　　k——地震系数；

　　$S_\mathrm{a}(T)$——单自由度体系在地震作用下的最大反应加速度；

$|\ddot{x}_g(t)|_{max}$——地面运动加速度最大绝对值；

$\quad\quad \alpha$——水平地震影响系数。

下面就式（3-16）中的参数进行讨论：

（1）地震系数 k 是地震动峰值加速度与重力加速度的比值，也就是以重力加速度为单位的地震动峰值加速度。

$$k = \frac{|\ddot{x}_g|_{max}}{g} \tag{3-17}$$

显然，地面运动加速度峰值越大，地震烈度就越高，即地震系数与地震烈度之间有一定的对应关系。大量统计分析表明，烈度每增加一度，地震系数 k 值大致增加一倍。《抗震规范》中采用的地震系数 k 与抗震设防烈度的对应关系见表3-1。

表3-1 抗震设防烈度和地震系数 k 的对应关系

抗震设防烈度	6	7	8	9
地震系数 k	0.05	0.10（0.15）	0.20（0.30）	0.40

注：括号中数值对应于设计基本地震加速度为 $0.15g$、$0.3g$ 的地区。

（2）动力系数 β 是单自由度体系在地震作用下最大运动加速度与地面运动最大加速度绝对值的比值，动力系数说明质点最大运动加速度比地面运动最大加速度的放大倍数。可表示为

$$\beta = \frac{S_a(T)}{|\ddot{x}_g(t)|_{max}} \tag{3-18}$$

影响动力系数的主要因素有：地面运动加速度记录 $|\ddot{x}_g(t)|_{max}$ 的特征；结构的自振周期 T；阻尼比 ζ。当地面运动加速度记录 $|\ddot{x}_g(t)|_{max}$ 和阻尼比 ζ 给定时，可根据不同的 T 值算出动力系数 β，从而得到一条 $\beta-T$ 曲线，这条曲线称为动力系数反应谱曲线。实质上，动力系数反应谱曲线是一种加速度反应谱曲线，它也反映了地震时地面运动的频谱特性，对不同自振周期的建筑结构有不同的地震动力作用效应。

根据不同的地面运动记录的统计分析表明，场地的特性、震级的大小、震中距的远近、阻尼比 ζ 的大小等，对反应谱曲线的特性形状均有影响，例如场地越软，震中距越远，曲线的主峰位置就越向右移，曲线主峰就越扁平。图3-4为 β-T 曲线，由图可以看出，当 ζ 值减小，β 值就增大；不同阻尼比 ζ 对应的曲线，当自振周期 T 接近场地特征周期

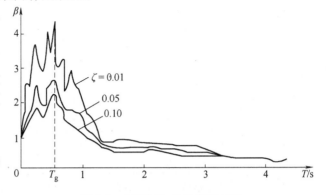

图3-4 β-T曲线（不同阻尼比）

T_g（又称为场地卓越周期）时均达到最大峰值，这种现象与结构在动荷载作用下的共振相似，因此在抗震设计中应使建筑物的自振周期远离场地卓越周期，以免产生共振；当 $T < T_g$ 时，β 值随周期的增大而迅速增加；当 $T > T_g$ 时，β 值随周期的增大而逐渐减小，并趋于

平缓。

3. 地震影响系数 α

为了简化计算，将上述地震系数 k 和动力系数 β 以乘积 α 表示，称为地震影响系数

$$\alpha = \frac{S_a}{g} = \beta k \tag{3-19}$$

《抗震规范》就是以地震影响系数 α 作为抗震设计依据的，其数值应根据烈度、场地类别、设计地震分组、结构自振周期和阻尼比确定。

3.2.3 地震影响系数曲线

由表 3-1 可知，不同抗震设防烈度下的地震系数为一具体数值，所以 α 的物理含义与 β 相同，通过地震系数 k 与动力系数 β 的乘积，便可得到计算地震作用的设计反应谱 α-T 曲线。

地震的随机性使每次的地震加速度记录的反应谱曲线各不相同，因此为了满足房屋建筑的抗震设计要求，将大量的强震记录按场地、震中距进行分类，并考虑结构阻尼比的影响；然后对每种分类进行统计分析，求出平均动力系数反应谱曲线；最后根据 $\alpha = \beta k$ 的关系，将动力系数反应谱曲线转换为地震影响系数反应谱曲线，作为抗震设计用标准反应谱曲线。《抗震规范》中采用的地震影响系数曲线就是根据上述方法得出的，如图 3-5 所示。

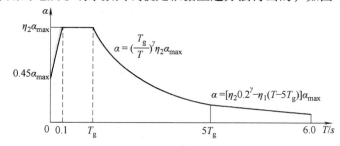

图 3-5　地震影响系数曲线

α—地震影响系数　T—结构自振周期　α_{max}—水平地震影响系数最大值，按表 3-2 选用

T_g　场地特征周期（设计特征周期），根据建筑物所在地区的场地类别和设计地震分组确定，按表 3-3 选用　γ—曲线下降段的衰减指数　η_1—直线下降段的下降斜率调整系数

η_2—阻尼调整系数，小于 0.55 时，应取 0.55

表 3-2　水平地震影响系数最大值

地震影响	6 度	7 度	8 度	9 度
多遇地震	0.04	0.08 （0.12）	0.16 （0.24）	0.32
罕遇地震	0.28	0.50 （0.72）	0.90 （1.20）	1.40

注：括号中数值分别用于设计基本地震加速度为 $0.15g$ 和 $0.30g$ 的地区。

（1）当 $\zeta = 0.05$ 时，地震影响系数曲线由四部分组成（图 3-5）：

1）$0 < T \leqslant 0.1\text{s}$ 区段为直线上升段

$$\alpha = (0.45 + 5.5T)\alpha_{max} \tag{3-20}$$

表3-3 场地特征周期 （单位：s）

设计地震分组	场 地 类 别				
	I_0	I_1	II	III	IV
第一组	0.20	0.25	0.35	0.45	0.65
第二组	0.25	0.30	0.40	0.55	0.75
第三组	0.30	0.35	0.45	0.65	0.90

注：1. 周期大于6.0s的建筑结构所采用的地震影响系数应专门研究。

2. 计算罕遇地震作用时，特征周期应增加0.05s。

2）$0.1s < T \leqslant T_g$ 区段为直线水平段

$$\alpha = \alpha_{max} \tag{3-21}$$

3）$T_g < T \leqslant 5T_g$ 区段为曲线下降段

$$\alpha = \left(\frac{T_g}{T}\right)^{\gamma} \eta_2 \alpha_{max} \tag{3-22}$$

4）$5T_g < T \leqslant 6.0s$ 区段为直线下降段

$$\alpha = \left[\eta_2 0.2^{\gamma} - \eta_1 (T - 5T_g)\right] \alpha_{max} \tag{3-23}$$

（2）阻尼对地震影响系数的影响。当建筑结构的阻尼比按有关规定不等于0.05时，地震影响系数曲线的阻尼调整系数和形状参数应符合下列规定：

1）曲线下降段的衰减指数应按下式确定

$$\gamma = 0.9 + \frac{0.05 - \zeta}{0.3 + 6\zeta} \tag{3-24}$$

2）直线下降段的下降斜率调整系数应按下式确定

$$\eta_1 = 0.02 + \frac{0.05 - \zeta}{4 + 32\zeta} \tag{3-25}$$

当 η_1 小于0时，取0。

3）阻尼调整系数应按下式确定

$$\eta_2 = 1 + \frac{0.05 - \zeta}{0.08 + 1.6\zeta} \tag{3-26}$$

当 η_2 小于0.55时，应取0.55。

（3）根据抗震设计反应谱确定结构上所受的地震作用，计算步骤如下：

1）根据已知条件确定结构的重力荷载代表值 G_E 和结构自振周期 T（若题目未直接给出数值，重力荷载代表值 G_E 按3.3.2节要求计算，结构自振周期 T 按3.2.1节要求计算）。

2）根据结构所在地区的设防烈度、场地类别及设计地震分组，按表3-2和表3-3确定反应谱的水平地震影响系数最大值 α_{max} 和场地特征周期 T_g。

3）根据结构的自振周期，按图3-5中相应的区段确定地震影响系数 α。

4）根据式（3-16）得 $F_{Ek} = \alpha G_E$，计算出水平地震作用标准值。

例3-1 某单质点弹性体系（钢筋混凝土结构），结构自振周期 $T = 0.5s$，质点的重力荷载代表值 $G_E = 200$kN，位于设防烈度为8度的II类场地土上，该地区的设计基本地震加速度为0.30g，设计地震分组为第一组，试计算结构在多遇地震时的水平地震作用标准值。

【解】 （1）确定结构的重力荷载代表值 G_E 和结构自振周期 T，由已知条件可知重力荷

载代表值 $G_E = 200\text{kN}$，结构自振周期 $T = 0.5\text{s}$。

（2）确定水平地震影响系数最大值 α_{max} 和场地特征周期 T_g，查表 3-2，设防烈度为 8 度，设计基本地震加速度为 $0.30g$ 时，多遇地震时水平地震影响系数最大值 $\alpha_{max} = 0.24$；查表 3-3，II类场地土且设计地震分组为第一组时，场地特征周期 $T_g = 0.35\text{s}$。

（3）确定地震影响系数 α，由图 3-5 可知，$T_g = 0.35 < T = 0.5 < 5T_g = 1.75$，$\alpha$ 位于曲线下降段。取 $\zeta = 0.05$，$\gamma = 0.9$，$\eta_1 = 0.02$，$\eta_2 = 1.0$，由公式 $\alpha = \left(\dfrac{T_g}{T}\right)^{\gamma} \eta_2 \alpha_{max}$ 得

$$\alpha = \left(\frac{T_g}{T}\right)^{\gamma} \eta_2 \alpha_{max} = \left(\frac{0.35}{0.5}\right)^{0.9} \times 1.0 \times 0.24 = 0.174$$

（4）计算出水平地震作用标准值 F_{Ek}

$$F_{Ek} = \alpha G_E = 0.174 \times 200\text{kN} = 34.8\text{kN}$$

所以该结构在多遇地震时的水平地震作用标准值为 $34.8kN$。

3.3 多质点弹性体系水平地震作用计算

在实际工程中，除有些结构可以简化成单质点体系外，很多工程结构（如多层和高层建筑等）应简化成多质点体系进行计算，这样才能得出比较切合实际的结果。多质点体系是指质点数量在两个以上，质点振动的自由度多于两个的结构体系。

进行建筑结构地震反应分析时，首先要确定结构的计算简图，除少数结构可以简化成单质点体系外，大多数建筑结构（如多层和高层建筑，多跨不等高厂房）的质量由于比较分散，故应简化为多质点体系进行分析。图 3-6 为一多层钢筋混凝土框架房屋，计算简图为一

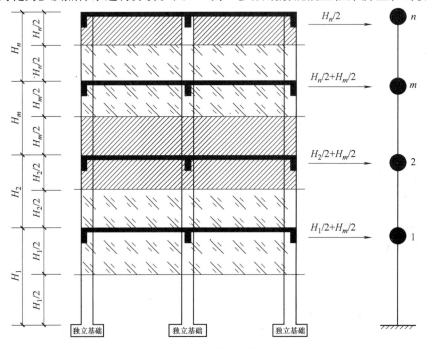

图 3-6 多质点弹性体系计算简图

串有多个质点的悬臂杆体系,各楼层质量为该层楼(屋)盖及其上、下各一半层高范围内的全部质量(根据重力荷载代表值确定),并集中在楼面标高处。固端部位一般取至基础顶面或室外地面下 $0.5m$ 处(H_1 取一层梁顶至柱嵌固部位的距离)。

3.3.1 地震作用计算的一般规定

1. 各类建筑结构地震作用计算规定

(1)一般情况下,应至少在建筑结构的两个主轴方向分别计算水平地震作用,各方向的水平地震作用应由该方向的抗侧力构件承担。

(2)有斜交抗侧力构件的结构,当相交角度大于15°时,应分别计算各抗侧力构件方向的水平地震作用。

注:斜交抗侧力构件的结构指结构中任一构件与结构主轴方向斜交时,应按规范要求计算各抗侧力构件方向的水平地震作用。

(3)质量和刚度分布明显不对称的结构,应计入双向水平地震作用下的扭转影响;其他情况,应允许采用调整地震作用效应的方法计入扭转影响。

(4)8度、9度时的大跨度和长悬臂结构及9度时的高层建筑,应计算竖向地震作用。

(5)8度、9度时采用隔震设计的建筑结构,应按有关规定计算竖向地震作用。

2. 各类建筑结构的抗震计算方法

(1)高度不超过 $40m$、以剪切变形为主且质量和刚度沿高度分布比较均匀的结构,以及近似于单质点体系的结构,可采用底部剪力法等简化方法(随着计算软件的普遍应用,实际工程中不宜采用底部剪力法,但作为概念设计的重要内容,应理解底部剪力法的基本原理)。

(2)除上述(1)以外的建筑结构,宜采用振型分解反应谱法。

(3)特别不规则的建筑、甲类建筑和表 3-4 所列高度范围的高层建筑,应采用时程分析法进行多遇地震下的补充计算;当取三组加速度时程曲线输入时,计算结果宜取时程法的包络值和振型分解反应谱法的较大值;当取七组及七组以上的时程曲线时,计算结果可取时程法的平均值和振型分解反应谱法的较大值。

表 3-4 采用时程分析的房屋高度范围

烈度、场地类别	房屋高度范围/m
7度和8度Ⅰ、Ⅱ类场地	>100
8度Ⅲ、Ⅳ类场地	>80
9度	>60

采用时程分析法时,应按建筑场地类别和设计地震分组选用实际强震记录与人工模拟的加速度时程曲线,其中实际强震记录的数量不应少于总数的2/3,多组时程曲线的平均地震影响系数曲线应与振型分解反应谱法所采用的地震影响系数曲线在统计意义上相符,其加速度时程的最大值可按表3-5采用。弹性时程分析时,每条时程曲线计算所得的结构底部剪力不应小于振型分解反应谱法计算结果的65%,多条时程曲线计算所得的结构底部剪力的平均值不应小于振型分解反应谱法计算结果的80%。

表3-5 时程分析所用地震加速度时程的最大值 （单位：cm/s²）

地震影响	6 度	7 度	8 度	9 度
多遇地震	18	35（55）	70（110）	140
罕遇地震	125	220（310）	400（510）	620

注：括号内数值分别用于设计基本地震加速度为 0.15g 和 0.30g 的地区。

3.3.2 重力荷载代表值的计算

在计算结构的水平地震作用和竖向地震作用标准值时，都要用到集中在质点处的重力荷载代表值 G_E。建筑的重力荷载代表值应取结构和构（配）件自重标准值及各可变荷载组合值之和。公式如下

$$G_E = G_k + \sum_{i=1}^{n} \Psi_{ci} Q_{ik} \tag{3-27}$$

式中 G_k——结构自重标准值；

Q_{ik}——第 i 个可变荷载标准值；

Ψ_{ci}——第 i 个可变荷载组合值系数，见表3-6。

表3-6 组合值系数

可变荷载种类		组合值系数
雪荷载		0.5
屋面积灰荷载		0.5
屋面活荷载		不计入
按实际情况计算的楼面活荷载		1.0
按等效均布荷载计算的楼面活荷载	藏书库、档案库	0.8
	其他民用建筑	0.5
起重机悬吊物重力	硬钩吊车	0.3
	软钩吊车	不计入

注：硬钩吊车的吊重较大时，组合值系数应按实际情况采用。

3.3.3 水平地震作用的计算（振型分解反应谱法、底部剪力法）

工程上，多自由度弹性体系水平地震作用的计算一般采用振型分解反应谱法，在一定条件下还可以采用简化的振型分解反应谱法——底部剪力法。这两种方法也是《抗震规范》中采用的方法。

1. 振型分解反应谱法

振型分解反应谱法是在振型分解法和反应谱法的基础上发展起来的一种计算多质点弹性体系地震作用的重要方法。振型分解反应谱法的主要思路是：利用振型分解法的概念，将多自由度体系分解成若干个单自由度体系的组合，然后引用单自由度体系的反应谱理论来计算各振型的地震作用。该方法简便实用，并通常采用电算。

2. 底部剪力法

（1）对于高度不超过40m，以剪切变形为主且质量和刚度沿高度分布比较均匀的结构，以及可近似于单质点体系的结构，可采用底部剪力法进行计算。

满足上述条件的结构，其振型具有以下特点：

1）结构各楼层可仅取一个水平自由度。

2）体系地震位移反应以基本振型为主。

3）体系基本振型接近于倒三角形分布，如图3-7所示。

（2）底部剪力法的计算思路：如图3-8所示，首先把多质点体系中各质点的质量求和并乘以0.85，假定它是一个等效单质点体系，计算出作用于等效单质点体系上的总的地震作用，即底部的剪力；然后将总的地震作用按照一定的规律分配到各个质点上，从而得到各个质点的水平地震作用；最后按结构力学方法计算出各层的地震剪力及位移。底部剪力法的主要优点是不需要进行烦琐的频率和振型分析计算。

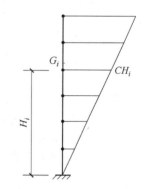

图3-7 底部剪力法计算简图（结构简化为第一振型）

（3）总水平地震作用标准值 F_{Ek}。根据底部剪力相等的原则，把多质点体系用一个与其基本周期相等的单质点体系代替。底部剪力用下式进行计算

$$F_{Ek} = \alpha_1 G_{eq} \tag{3-28}$$

式中　α_1——对应结构基本自振周期的地震影响系数，对于多层砌体房屋，可取水平地震影响系数最大值；

G_{eq}——结构等效总重力荷载代表值，$G_{eq} = \zeta G_E$；　　　　　　　　（3-29）

G_E——结构总重力荷载代表值 $G_E = \sum\limits_{i=1}^{n} G_{Ei}$；　　　　　　　（3-30）

ζ——等效重力荷载系数，对于单质点，$\zeta = 1$；对于多质点，$\zeta = 0.85$。

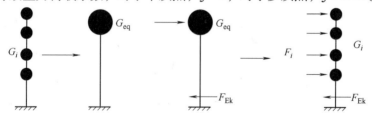

图3-8 底部剪力法思路图示

（4）质点水平地震作用标准值 F_i。如图3-7所示，在满足底部剪力法的条件下计算各质点的地震作用时，可仅考虑基本振型（即第一振型），而忽略高阶振型的影响。基本振型质点的相对水平位移 X_{1i} 将与质点的计算高度 H_i 成正比，即 $X_{1i} = CH_i$，其中 C 为比例常数，所以作用在第 i 质点上的水平地震作用标准值可写成

由　　　　　　　　$$F_{ij} = \alpha_j \gamma_j CH_i G_i \Rightarrow F_i \approx F_{1i} = \alpha_1 \gamma_1 CH_i G_i \tag{3-31}$$

结构总水平地震作用标准值（底部剪力）为

$$F_{Ek} = \sum_{j=1}^{n} F_{1j} = \alpha_1 \gamma_1 C \sum_{j=1}^{n} H_j G_j \tag{3-32}$$

整理得

$$\alpha_1 \gamma_1 C = \frac{F_{Ek}}{\sum_{j=1}^{n} H_j G_j} \tag{3-33}$$

将式（3-33）代入式（3-31），可得质点水平地震作用标准值 F_i 的计算公式

$$F_i = \frac{H_i G_i}{\sum_{j=1}^{n} H_j G_j} F_{Ek} \tag{3-34}$$

式中　F_{Ek}——结构总水平地震作用标准值（底部剪力）；

　　　　F_i——质点水平地震作用标准值；

　　G_i、G_j——分别为集中于质点 i、j 的重力荷载代表值；

　　H_i、H_j——分别为质点 i、j 的计算高度。

（5）层间剪力标准值 V_i

$$V_i = \sum_{j=i}^{n} F_j \tag{3-35}$$

式中　F_j——第 j 楼层质点受到的水平地震作用标准值。

（6）对底部剪力法的修正。当 $T_1 > 1.4 T_g$ 时，由于高阶振型的影响，对于自振周期比较长的多层钢筋混凝土房屋、多层内框架砖砌体房屋，经计算发现，按式（3-34）计算的结构顶部的地震剪力偏小，故需进行调整。《抗震规范》的调整方法是将结构总地震作用的一部分作为集中力作用于结构顶，再将余下的部分按倒三角形分配给各质点。《抗震规范》给出的修正方法如下：

1）底部剪力 F_{Ek} 不变，仍按式（3-28）计算。

2）当 $T_1 > 1.4 T_g$ 时，如图3-9所示，在结构顶部的质点上附加一个地震作用 ΔF_n

$$\Delta F_n = \delta_n F_{Ek} \tag{3-36}$$

各质点上的地震作用为

$$F_i = \frac{H_i G_i}{\sum_{j=1}^{n} H_j G_j} F_{Ek} (1 - \delta_n) \tag{3-37}$$

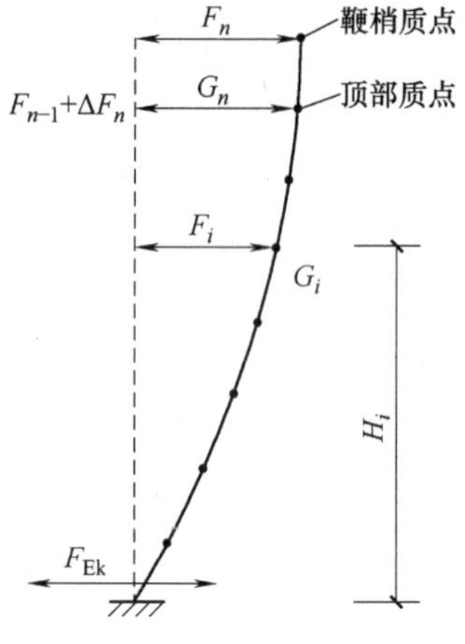

图3-9　高阶振型时水平地震作用计算简图

式中　δ_n——顶部附加地震作用系数，多层钢筋混凝土和钢结构房屋可按表3-7采用，其他房屋可采用0.0。

表3-7　顶部附加地震作用系数

T_g / s	$T_1 > 1.4 T_g$	$T_1 \leqslant 1.4 T_g$
$T_g \leqslant 0.35$	$0.08 T_1 + 0.07$	
$0.35 < T_g \leqslant 0.55$	$0.08 T_1 + 0.01$	0.0
$T_g > 0.55$	$0.08 T_1 - 0.02$	

注：T_1 为结构基本自振周期。

3.3.4　突出屋面小房间的地震计算

震害表明，建筑物上局部突出屋面的屋顶间（电梯机房、水箱间）、女儿墙、烟囱等附属结构往往破坏较为严重。这是由于突出屋面部分的质量和刚度与下层相比突然变小，而使突出屋面部分的振幅急剧增大所致，这一现象称为鞭梢效应，如图 3-10 所示。采用底部剪力法时，突出屋面的屋顶间、女儿墙、烟囱等的地震作用效应，宜乘以增大系数 3，此增大部分不应往下传递，但与该突出部分相连的构件应予计入。

但对于顶层带有空旷大房间或轻钢结构的房屋，不宜视为突出屋面的小屋并采用底部剪力法乘以增大系数的办法计算地震作用效应，而应视为结构体系的一部分，用振型分解反应谱法计算。

例 3-2　某三层钢筋混凝土框架结构办公楼，建造于基本烈度为 8 度（0.2g）的地区，场地土为 Ⅱ 类，设计地震分组为第二组，结构层高和各层重力荷载代表值如图 3-11 所示。结构的基本周期为 0.42s，试用底部剪力法计算多遇地震下各层的地震剪力标准值。

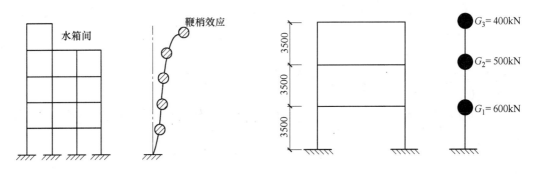

图 3-10　鞭梢效应　　　　　　图 3-11　结构层高和各层重力荷载代表值

【解】　（1）计算结构等效总重力荷载代表值

$$G_{eq} = \xi \sum_{k=i}^{n} G_k = 0.85 \times (400 + 500 + 600)\text{kN} = 1275\text{kN}$$

（2）确定水平地震影响系数最大值 α_{max} 和场地特征周期 T_g，查表 3-2，设防烈度为 8 度且设计基本加速度为 0.2g 时，多遇地震时水平地震影响系数最大值 $\alpha_{max} = 0.16$；查表 3-3，Ⅱ 类场地土且设计地震分组为第二组时，场地特征周期 $T_g = 0.4$s。

（3）确定地震影响系数 α，由图 3-5 可知，$T_g = 0.4 < T = 0.42 < 5T_g = 2$。由式（3-22）得

取 $\zeta = 0.05$，$\gamma = 0.9$，$\eta_1 = 0.02$，$\eta_2 = 1.0$，

$$\alpha = \left(\frac{T_g}{T}\right)^{\gamma} \eta_2 \alpha_{max} = \left(\frac{0.40}{0.42}\right)^{0.9} \times 1.0 \times 0.16 = 0.153$$

（4）计算结构总的水平地震作用标准值

$$F_{Ek} = \alpha G_{eq} = 0.153 \times 1275\text{kN} = 195.08\text{kN}$$

（5）顶部附加水平地震作用

因为 $1.4T_g = 0.56$，$T < 1.4T_g$；所以 $\delta_n = 0$，$\Delta F_n = \delta_n F_{Ek} = 0$

（6）计算各层的水平地震作用标准值

$$F_i = \frac{H_i G_i}{\sum_{j=1}^{n} H_j G_j} F_{Ek} (1 - \delta_n)$$

$$F_1 = \frac{600 \times 3.5}{600 \times 3.5 + 500 \times 7 + 400 \times 10.5} \times 195.08 \text{kN} = 41.80 \text{kN}$$

$$F_2 = \frac{500 \times 7}{600 \times 3.5 + 500 \times 7 + 400 \times 10.5} \times 195.08 \text{kN} = 69.67 \text{kN}$$

$$F_3 = \frac{400 \times 10.5}{600 \times 3.5 + 500 \times 7 + 400 \times 10.5} \times 195.08 \text{kN} = 83.61 \text{kN}$$

（7）计算各层的层间剪力

$$V_1 = F_1 + F_2 + F_3 = 41.80 \text{kN} + 69.67 \text{kN} + 83.61 \text{kN} = 195.08 \text{kN}$$

$$V_2 = F_2 + F_3 = 69.67 \text{kN} + 83.61 \text{kN} = 153.28 \text{kN}$$

$$V_3 = F_3 = 83.61 \text{kN}$$

3.3.5　楼层最小水平地震剪力限制

由于地震影响系数在长周期段下降较快，对于基本周期大于 3.5s 的结构，由此计算所得的水平地震作用下的结构效应可能较小。而对长周期结构，地震动态作用中的地面运动速度和位移可能对结构的破坏具有更大影响，反应谱只反映加速度对结构的影响，对长周期结构是不全面的。出于结构安全考虑，《抗震规范》提出了对结构总水平地震剪力及各楼层水平地震剪力最小值的要求，规定了不同烈度下的剪力系数。

结构抗震验算时，结构任一楼层的水平地震剪力应符合下式要求

$$V_{Eki} > \lambda \sum_{j=i}^{n} G_j \qquad (3-38)$$

式中　V_{Eki}——第 i 层对应于水平地震作用标准值的楼层剪力；

　　　　λ——剪力系数，不应小于表 3-8 规定的楼层最小地震剪力系数值，对竖向不规则结构的薄弱层，还应乘以 1.15 的增大系数；

　　　　G_j——第 j 层的重力荷载代表值。

表 3-8　楼层最小地震剪力系数值

类　　别	6 度	7 度	8 度	9 度
扭转效应明显或基本周期小于 3.5s 的结构	0.008	0.016 (0.024)	0.032 (0.048)	0.064
基本周期大于 5.0s 的结构	0.006	0.012 (0.018)	0.024 (0.036)	0.048

注：1. 基本周期介于 3.5s 和 5s 之间的结构，按插入法取值。

　　2. 括号内数值分别用于设计基本地震加速度为 0.15g 和 0.30g 的地区。

以上对楼层最小剪力的控制，是《抗震规范》的强制性条文，其限值要求适用于所有结构（包括隔震和消能减震结构），主要是反映地震作用的不确定性和地震动态作用中地面运动速度与位移对结构的作用效应，以弥补加速度反应谱计算方法的不足。当底部总剪力不满足要求时，说明结构的总体侧向刚度偏小，应对所有楼层进行调整，满足最小地震剪力是

后续抗震计算的前提。

3.3.6　结构基本自振周期的计算方法

按振型分解法计算多质点体系的地震作用时，需要确定体系的基频和高频，以及相应的主振型。从理论上讲，它们可通过解频率方程得到，但当体系的质点数多于三个时，手算就比较困难。工程上通常采用近似计算的方法得到，常用的结构基本自振周期的近似计算方法有能量法、顶点位移法及经验公式法。

1. 能量法

能量法是根据体系在振动过程中的能量守恒原理导出的。本方法常用于求解以剪切型为主的框架结构。由于框架结构可以用 D 值法直接求得层间变形，所以这一方法应用十分方便。

体系基本频率的近似计算公式为

$$\omega_1 = \sqrt{\dfrac{g \sum\limits_{i=1}^{n} m_i \Delta_i}{\sum\limits_{i=1}^{n} m_i \Delta_i^2}} \tag{3-39}$$

结构的基本周期为

$$T_1 = \dfrac{2\pi}{\omega_1} = 2\pi \sqrt{\dfrac{\sum\limits_{i=1}^{n} G_i \Delta_i^2}{g \sum\limits_{i=1}^{n} G_i \Delta_i}} \approx 2 \sqrt{\dfrac{\sum\limits_{i=1}^{n} G_i \Delta_i^2}{\sum\limits_{i=1}^{n} G_i \Delta_i}} \tag{3-40}$$

2. 顶点位移法

顶点位移法的基本原理：将结构按其质量分布情况简化成有限个质点或无限个质点的悬臂直杆，然后求出以结构顶点位移表示的基本周期计算公式（即求出结构顶点水平位移），就可按公式计算出基本周期。本方法适用于质量及刚度沿高度分布比较均匀的任何体系结构。

抗震墙结构可视为弯曲杆，即悬臂结构

$$T_b = 1.6 \sqrt{\Delta_b} \tag{3-41}$$

框架结构可近似视为剪切杆

$$T_s = 1.8 \sqrt{\Delta_s} \tag{3-42}$$

框架-抗震墙结构可近似视为剪弯型杆

$$T_{bs} = 1.7 \sqrt{\Delta_{bs}} \tag{3-43}$$

式中　Δ_b、Δ_s、Δ_{bs}——分别表示弯曲振动、剪切振动和弯剪振动结构体系的顶点位移（m）。

3. 经验公式法

在工程设计中，也经常采用实测的经验公式来确定结构的基本周期。《建筑结构荷载规范》（GB 50009—2012）根据大量建筑物基本周期的实测结果，提出钢筋混凝土框架、框剪和剪力墙结构的基本自振周期可按下列规定采用：

（1）钢筋混凝土框架和框剪结构的基本自振周期按下式计算

$$T_1 = 0.25 + 0.53 \times 10^{-3} \frac{H^2}{\sqrt[3]{B}} \tag{3-44}$$

（2）钢筋混凝土剪力墙结构的基本自振周期按下式计算

$$T_1 = 0.03 + 0.03 \frac{H}{\sqrt[3]{B}} \tag{3-45}$$

式中　H——房屋主体结构高度（m）；

　　　B——房屋宽度（m）。

3.4 竖向地震作用

地震作用不仅会引起建筑物水平方向振动，还会引起建筑物竖向振动。震害调查表明，在烈度较高的震中区，竖向地震对结构的影响是不可忽略的。根据竖向地震的时程分析结果，竖向地震作用呈倒三角形分布，结构上部的竖向地震作用明显大于下部；对于大跨度结构和长悬臂结构，竖向地震引起的结构上下振动的惯性力，类似于增加或减少结构的竖向静荷载。

需计算竖向地震作用的情况主要有如下几类：

（1）高层：9度时的高层建筑。

（2）大跨度：8度区跨度大于24m及9度区跨度大于18m的结构。

（3）长悬臂：8度区悬臂长度大于2m及9度区悬臂长度大于1.5m的结构。

3.4.1 高层建筑的竖向地震作用

根据大量强震记录的统计分析，竖向地震反应谱曲线的变化规律与水平地震反应谱曲线的变化规律相差不大，在竖向地震作用下计算可采用水平地震反应谱，竖向地震动加速度峰值为水平地震动加速度峰值的 $1/2 \sim 2/3$，因此可近似取竖向地震影响系数最大值为水平地震影响系数最大值的65%。此外，高层建筑及高耸结构的竖向振型规律与水平地震作用的底部剪力法要求的振型特点基本一致，且高层建筑结构的基本周期较短，一般为 $0.1 \sim 0.2s$，处于竖向地震影响系数曲线的水平段，因此竖向地震影响系数可取最大值。

综上所述，可以参考采用水平地震作用的底部剪力法，计算高层建筑结构的竖向地震作用。即首先确定结构底部的总竖向地震作用，然后计算作用在结构各质点上的竖向地震作用（图3-12）。计算公式如下

$$F_{Evk} = \alpha_{vmax} G_{eq} \tag{3-46}$$

$$F_{vi} = \frac{H_i G_i}{\sum_{j=1}^{n} H_j G_j} F_{Evk} \tag{3-47}$$

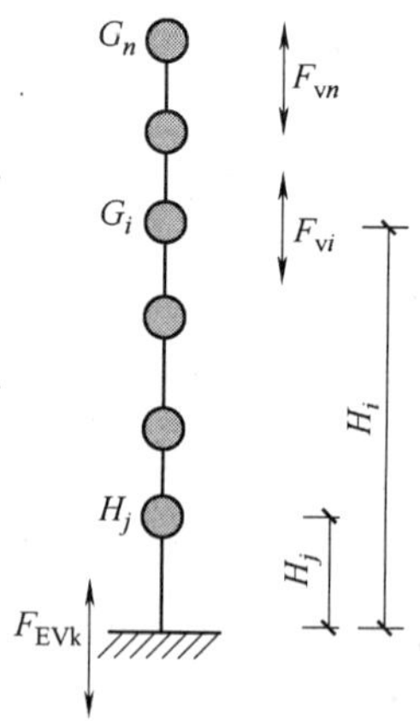

式中　F_{Evk}——结构总竖向地震作用标准值；

　　　F_{vi}——质点 i 的竖向地震作用标准值；

图 3-12　结构竖向地震
作用计算简图

α_{vmax}——竖向地震影响系数最大值，可取水平地震影响系数最大值的 65%；

G_{eq}——结构等效总重力荷载，可取其重力荷载代表值的 75%。

《抗震规范》规定，9 度时的高层建筑，其竖向地震作用标准值可按式（3-47）计算，楼层的竖向地震作用效应可按各构件承受的重力荷载代表值的比例分配，并宜乘以增大系数 1.5。对高层建筑楼层的竖向地震作用效应乘以增大系数 1.5，使结构的总竖向地震作用标准值，在 8 度和 9 度时分别略大于重力荷载代表值的 10% 与 20%。

3.4.2 长悬臂及大跨度结构

（1）大量分析表明，对一般尺度的平板型网架和大跨度屋架的各主要构件，竖向地震内力与重力荷载下的内力的比值，彼此相差不大。《抗震规范》规定，规则的平板型网架屋盖和跨度大于 24m 的屋架、屋盖横梁及托架的竖向地震作用标准值，宜取其重力荷载代表值和竖向地震作用系数的乘积，其大小可按下式计算

$$F_{Evk} = \lambda_{Ev} G_i \tag{3-48}$$

式中 F_{Evk}——结构或构件的竖向地震作用标准值；

G_i——结构或构件的重力荷载代表值；

λ_{Ev}——竖向地震作用系数，对于平板型网架屋盖和跨度大于 24m 的屋架、屋盖横梁及托架，按表 3-9 采用。

表 3-9 竖向地震作用系数 λ_{Ev}

结构类型	烈度	场 地 类 别		
		I	II	III、IV
平板型网架屋盖、钢屋架	8	可不计算（0.10）	0.08（0.12）	0.10（0.15）
	9	0.15	0.15	0.20
钢筋混凝土屋架	8	0.10（0.15）	0.13（0.19）	0.13（0.19）
	9	0.20	0.25	0.25

注：括号中数值用于设计基本地震加速度为 0.30g 的地区。

（2）长悬臂和其他大跨度结构的竖向地震作用标准值，在 8 度和 9 度时可分别取该结构、构件重力荷载代表值的 10% 和 20%；设计基本地震加速度为 0.30g 时，可取该结构、构件重力荷载代表值的 15%。

大跨度空间结构的竖向地震作用，还可按竖向振型分解反应谱方法计算。其竖向地震影响系数可采用《抗震规范》第 5.1.4 条、第 5.1.5 条规定的水平地震影响系数的 65%，但特征周期可均按设计第一组采用。

3.5 抗震验算原则

《抗震规范》为实现"三水准"的抗震设防目标而采取了两阶段设计方法：第一阶段设计为承载力设计，取第一水准（多遇地震）的地震动参数，计算结构的弹性地震作用标准值和相应的地震作用效应，采用分项系数设计表达式进行结构构件的承载力抗震验算；第二阶段设计按罕遇地震作用验算结构的弹塑性变形。

3.5.1　截面抗震验算

目前，对结构构件进行的截面抗震承载力验算基本上采用的是有关规范的非抗震承载力设计值，并采用承载力抗震调整系数进行调整，计算时采用直接将考虑地震效应的数值乘以 γ_{RE} 进行折减的办法。

1. 基本规定

（1）6度时的建筑（不规则建筑及建造于Ⅳ类场地上较高的高层建筑除外），以及生土房屋和木结构房屋等，应符合有关的抗震措施要求，但应允许不进行截面抗震验算。较高的高层建筑指高于40m的钢筋混凝土框架、高于60m的其他钢筋混凝土民用房屋和类似的工业厂房，以及高层钢结构房屋。

（2）6度时的不规则建筑、建造于Ⅳ类场地上较高的高层建筑，7度和7度以上的建筑结构（生土房屋和木结构房屋等除外），应进行多遇地震作用下的截面抗震验算。6度区的其他建筑一般不验算，主要原因是地震作用在结构设计中基本不起控制作用。

（3）采用隔震设计的建筑结构，其抗震验算应符合有关规定。

2. 结构构件截面抗震验算

（1）结构构件的地震作用效应和其他荷载效应的基本组合，应按下式计算

$$S = \gamma_G S_{GE} + \gamma_{Eh} S_{Ehk} + \gamma_{Ev} S_{Evk} + \psi_w \gamma_w S_{wk} \tag{3-49}$$

式中　S——结构构件内力组合的设计值，包括组合的弯矩、轴向力和剪力设计值等；

　　γ_G——重力荷载分项系数，一般情况应采用1.2，当重力荷载效应对构件的承载能力有利时，不应大于1.0；

γ_{Eh}、γ_{Ev}——地震作用分项系数（水平、竖向），应按表3-10采用；

　　γ_w——风荷载分项系数，应采用1.4；

　　S_{GE}——重力荷载代表值的效应，可按《抗震规范》第5.1.3条采用，但有吊车时，还应包括悬吊物重力标准值的效应；

　　S_{Ehk}——水平地震作用标准值的效应，还应乘以相应的增大系数或调整系数；

　　S_{Evk}——竖向地震作用标准值的效应，还应乘以相应的增大系数或调整系数；

　　S_{wk}——风荷载标准值的效应；

　　ψ_w——风荷载组合值系数，一般结构取0.0，风荷载起控制作用的建筑应采用0.2。

表3-10　地震作用分项系数

地震作用	γ_{Eh}	γ_{Ev}
仅计算水平地震作用	1.3	0.0
仅计算竖向地震作用	0.0	1.3
同时计算水平与竖向地震作用（水平地震为主）	1.3	0.5
同时计算水平与竖向地震作用（竖向地震为主）	0.5	1.3

（2）结构构件的截面抗震验算，应采用下列设计表达式

$$S \leqslant R/\gamma_{RE} \tag{3-50}$$

式中　γ_{RE}——承载力抗震调整系数，除另有规定外，应按表3-11采用；

　　R——结构构件承载力设计值。

表 3-11　承载力抗震调整系数

材料	结 构 构 件	受力状态	γ_{RE}
钢	柱、梁、支撑、节点板件、螺栓、焊缝柱、支撑	强度	0.75
		稳定	0.80
砌体	两端均有构造柱、芯柱的抗震墙	受剪	0.9
	其他抗震墙	受剪	1.0
混凝土	梁	受弯	0.75
	轴压比小于 0.15 的柱	偏压	0.75
	轴压比不小于 0.15 的柱	偏压	0.80
	抗震墙	偏压	0.85
	各类构件	受剪、偏拉	0.85

注：当仅计算竖向地震作用时，各类结构构件的承载力抗震调整系数均应采用 1.0。

在表 3-11 中，承载力抗震调整系数 $\gamma_{RE} \leqslant 1$ 的原因：

1）动力荷载下的材料强度要比静力荷载下的材料强度要高。

2）地震作用是偶然作用，结构的抗震可靠度要求可比承受其他荷载的抗震可靠度要求要低。

3.5.2　多遇地震作用下结构的弹性变形验算

为了确保"三水准"抗震设防目标的实现，结构在多遇地震下基本保持弹性工作状态，除满足承载能力要求外还需严格控制弹性层间位移，避免结构的非结构构件（如隔墙和某些室内装修）在多遇地震下出现过重破坏；同时，还要控制重要的抗侧力构件的开裂程度。根据各国规范的规定、震害经验、试验研究结果和工程实例分析，采用层间位移角作为衡量结构变形能力从而判断结构是否满足建筑功能要求的指标是合理的。《抗震规范》要求对表 3-12 所列各类结构应进行多遇地震作用下的抗震变形验算，其楼层内最大的弹性层间位移应符合下式要求

$$\Delta u_e \leqslant \left[\theta_e \right] h \tag{3-51}$$

式中　Δu_e——多遇地震作用标准值产生的楼层内最大的弹性层间位移；计算时，除以弯曲变形为主的高层建筑外，可不扣除结构整体弯曲变形；应计入扭转变形的，各作用的分项系数均应采用 1.0；钢筋混凝土结构构件的截面刚度可采用弹性刚度；

　　$\left[\theta_e \right]$——弹性层间位移角限值，宜按表 3-12 采用；

　　h——计算楼层层高。

表 3-12　弹性层间位移角限值

结　构　类　型	$\left[\theta_e \right]$
钢筋混凝土框架	1/550
钢筋混凝土框架-抗震墙、板柱-抗震墙、框架-核心筒	1/800
钢筋混凝土抗震墙、筒中筒	1/1000

（续）

结 构 类 型	$[\theta_e]$
钢筋混凝土框支层	1/1000
多、高层钢结构	1/250

在表 3-12 中，主要依据国内外大量的试验研究和有限元分析结果，以钢筋混凝土构件（框架柱、抗震墙等抗侧力构件）开裂时的层间位移角作为弹性层间位移角限值。

3.5.3　罕遇地震作用下结构的弹塑性变形验算

一般在罕遇地震作用下，地面运动加速度峰值是多遇地震的 4 ~ 6 倍，因此在多遇地震烈度下处于弹性阶段的结构，在罕遇地震烈度下将进入弹塑性阶段，结构构件及节点接近或达到屈服；此时，结构已没有足够的承载力储备。为了抵抗地震的持续作用，要求结构有较好的延性，通过发展塑性变形来消耗地震输入的能量。如果结构的变形能力不足，势必发生倒塌，因此《抗震规范》对罕遇地震作用下结构的弹塑性变形验算进行了规定，以保证结构不致倒塌。

1. 建筑物验算范围

（1）下列结构应进行弹塑性变形验算：

1）8 度Ⅲ、Ⅳ类场地和 9 度时，高大的单层钢筋混凝土柱厂房的横向排架。

2）7 ~ 9 度时，楼层屈服强度系数小于 0.5 的钢筋混凝土框架结构和框排架结构。

3）高度大于 150m 的结构。

4）甲类建筑和 9 度时，乙类建筑中的钢筋混凝土结构和钢结构。

5）采用隔震和消能减震设计的结构。

（2）下列结构宜进行弹塑性变形验算：

1）《抗震规范》表 5.1.2-1 所列高度范围且属于《抗震规范》表 3.4.3-2 所列竖向不规则类型的高层建筑结构。

2）7 度Ⅲ、Ⅳ类场地和 8 度时，乙类建筑中的钢筋混凝土结构和钢结构。

3）板柱-抗震墙结构和底部框架砌体房屋。

4）高度不大于 150m 的其他高层钢结构。

5）不规则的地下建筑结构及地下空间综合体。

2. 结构在罕遇地震作用下薄弱层（部位）弹塑性变形计算方法

（1）不超过 12 层且层刚度无突变的钢筋混凝土框架和框排架结构、单层钢筋混凝土柱厂房可采用《抗震规范》第 5.5.4 条的简化计算法。简化计算时要确定结构薄弱层的位置。结构薄弱层是指在强烈地震作用下结构首先发生屈服并产生较大弹塑性位移的部位。

震害分析表明，大震作用下一般会存在塑性变形集中的薄弱层，而这种薄弱层仅按承载力计算往往难以发现，这是因为结构构件的强度是按小震计算的，且各截面实际的配筋与计算也不一致，造成各部位在大震下的效应增加的比例也不相同，从而使有些楼层率先屈服，形成塑性变形集中，随着地震强度的增加而进入弹塑性状态，形成薄弱层并可能造成结构的倒塌。

计算分析表明，结构的弹塑性层间变形沿高度分布是不均匀的，影响的主要因素是楼层屈服强度的分布情况。在楼层屈服强度相对较小的薄弱部位，地震作用下将产生很大的塑性层间变形，而其他各层的层间变形相对较小，接近于弹性计算结果，因此控制了薄弱层在罕遇地震下的变形，也就能确保结构的大震安全性。判别薄弱层部位和验算薄弱层的弹塑性变形也就成为第二阶段抗震设计（实现"大震不倒"设防目标）的主要内容。对多层和高层建筑结构，楼层屈服强度系数按下式计算

$$\xi_y = \frac{V_y}{V_e} \tag{3-52}$$

式中　ξ_y——楼层屈服强度系数；

　　　V_y——按钢筋混凝土构件实际配筋和材料强度标准值计算的楼层受剪承载力；

　　　V_e——按罕遇地震作用标准值计算的楼层弹性地震剪力。

1）结构薄弱层（部位）的位置可按下列情况确定：

①楼层屈服强度系数沿高度分布均匀的结构，可取底层。

②楼层屈服强度系数沿高度分布不均匀的结构，可取该系数最小的楼层（部位）和相对较小的楼层，一般不超过 2～3 处。

③单层厂房，可取上柱。

2）弹塑性层间位移计算

$$\Delta u_p = \eta_p \Delta u_e \tag{3-53}$$

或

$$\Delta u_p = \mu \Delta u_y = \frac{\eta_p}{\xi_y} \Delta u_y \tag{3-54}$$

式中　Δu_p——弹塑性层间位移；

　　　Δu_y——层间屈服位移；

　　　μ——楼层延性系数；

　　　Δu_e——罕遇地震作用下按弹性分析的层间位移；

　　　η_p——弹塑性层间位移增大系数，当薄弱层（部位）的屈服强度系数不小于相邻层（部位）该系数平均值的 0.8 时，可按表 3-13 采用；当不大于该平均值的 0.5 时，可按表内相应数值的 1.5 倍采用；其他情况可采用内插法取值；

　　　ξ_y——楼层屈服强度系数。

表 3-13　弹塑性层间位移增大系数

结构类型	总层数 n 或部位	ξ_y		
		0.5	0.4	0.3
多层均匀框架结构	2～4	1.30	1.40	1.60
	5～7	1.50	1.65	1.80
	8～12	1.80	2.00	2.20
单层厂房	上柱	1.30	1.60	2.00

3）结构薄弱层（部位）弹塑性层间位移验算

$$\Delta u_p \leqslant [\theta_p] h \tag{3-55}$$

式中　$[\theta_p]$——弹塑性层间位移角限值，可按表 3-14 采用；对钢筋混凝土框架结构，当轴

压比小于 0.40 时，可提高 10%；当柱子全高的箍筋构造比《抗震规范》第 6.3.9 条规定的体积配箍率大 30% 时，可提高 20%，但累计不超过 25%；

h——薄弱层楼层高度或单层厂房上柱高度。

表 3-14　弹塑性层间位移角限值

结 构 类 型	$[\theta_p]$
单层钢筋混凝土柱排架	1/30
钢筋混凝土框架	1/50
底部框架砌体房屋中的框架-抗震墙	1/100
钢筋混凝土框架-抗震墙、板柱-抗震墙、框架-核心筒	1/100
钢筋混凝土抗震墙、筒中筒	1/120
多、高层钢结构	1/50

（2）除上述第（1）款以外的建筑结构，可采用静力弹塑性分析方法或弹塑性时程分析法。

（3）规则结构可采用弯剪层模型或平面杆系模型，不规则结构应采用空间结构模型。

本项目小结

1. 地震释放的能量，以地震波的形式向四周扩散，地震波到达地面后引起地面运动，使地面原来处于静止的建筑物受到动力作用而产生强迫振动。我们将地震时由于地面加速度在结构上产生的惯性力称为结构的地震作用。地震作用与荷载不同，它不仅与地面运动的频谱特性、持续时间及强度有关，而且还与结构的动力特性有密切关系。

2. 结构抗震理论的三个发展阶段：静力理论阶段、反应谱理论阶段、动力分析阶段。

3. 单质点弹性体系指可以将结构参与振动的全部质量集中于一点，用无重量的弹性直杆支承于地面上的体系。单质点弹性体系的地震作用计算，通过求解常系数二阶非齐次线性微分方程得出。

4. 地震反应谱、设计反应谱、地震系数、动力系数、地震影响系数、地震影响系数曲线、结构自振周期、场地特征周期、结构阻尼比、地震作用效应等内容是理解结构地震作用的重要概念。

5. 多自由度弹性体系水平地震作用的计算一般采用振型分解反应谱法，在一定条件下还可以采用简化的振型分解反应谱法——底部剪力法。这两种方法也是抗震规范中采用的方法。

底部剪力法：对高度不超过 40m，以剪切变形为主，质量和刚度沿高度分布均匀的结构。底部剪力法的计算思路为：先求出水平地震作用的总和 F_{Ek}，然后按照一定的规律将它分配到各质点上去。

建筑的重力荷载代表值应取结构和构配件自重标准值和各可变荷载组合值之和。

6. 结构基本自振周期的计算方法：能量法、顶点位移法、经验公式法。

7. 竖向地震作用的计算条件：9 度时的高层建筑，8 度区大跨度结构及长悬臂结构。

8. 结构的抗震验算原则包括：截面抗震验算、多遇地震作用下结构的弹性变形验算及罕遇地震作用下结构的弹塑性变形验算。

能力拓展训练题

一、思考题

1. 什么是地震作用？地震作用与一般静荷载有何区别？

2. 什么是动力系数、地震系数和地震影响系数，三者有何关系？地震影响系数曲线的特点有哪些？

3. 底部剪力法的适用范围、总思路和主要计算公式是什么？

4. 什么是重力荷载代表值？如何计算？

5. 什么时候考虑竖向地震影响？如何确定结构竖向的地震作用？

6. 如何进行结构的截面抗震承载力验算？结构抗震变形验算的内容有哪些？

7. 什么是楼层屈服强度系数？什么是结构薄弱层？结构薄弱层的位置如何确定？

二、练习题

【背景】多质点弹性体系地震作用的简化计算方法——底部剪力法

【问题】某四层钢筋混凝土框架结构，层高均为 3.6m，重力荷载代表值分别为 $G_1 = 600$kN，$G_2 = G_3 = 500$kN，$G_4 = 350$kN。建筑物建造在抗震设防烈度为 8 度、设计基本地震加速度为 $0.20g$、设计地震分组为第一组、Ⅱ类场地土的地区，结构自振周期 $T = 0.54$s，阻尼比为 0.05。试采用底部剪力法确定多遇地震下各层的地震剪力标准值。

项目四　多层砌体房屋抗震设计

【知识目标】

了解砌体房屋的震害现象并理解其原因；熟悉砌体房屋抗震性能的总体要求与规定；掌握多层砌体房屋抗震设计计算与验算的方法和步骤；熟悉多层砌体房屋的主要抗震构造措施；了解底部框架-抗震墙砌体房屋的震害特点、计算方法及构造规定。

【能力目标】

理解多层砌体房屋的抗震性能的总体要求；掌握多层砌体房屋计算的思路和方法，具有初步的砌体结构抗震分析能力。

由砖砌体、石砌体、砌块砌体建造的结构，统称为砌体结构。砌体结构使用的是脆性材料，而且整个结构由块体砌筑而成，整体性不好，因而一般传统的砌体房屋的抗震性能较差，特别是未经抗震设计的多层砌体房屋更是在强震中普遍发生严重破坏。但是震害调查发现，在高烈度区，也有一些砖砌体房屋在震后只受到轻微的破坏，有的甚至还基本完好。这说明只要设计合理，构造措施得当，再加上良好的地基条件和施工质量保证，多层砌体房屋也可以满足抗震要求。

砌体房屋的抗震设计可分为三个主要部分：

（1）建筑布置与结构选型——概念设计。概念设计包括合理的建筑和结构布置，房屋总高度、总层数的限制等，主要目的是使房屋在地震作用下各构件能均匀受力，不产生过大的内力或应力。

（2）抗震构造措施——构造设计。构造设计主要包括加强房屋整体性和构件间连接强度的措施，如构造柱、圈梁、拉结钢筋的布置，对墙体间咬砌及楼板搁置长度的要求等。

（3）抗震强度验算——计算设计。计算设计包括墙体地震力及抗震强度的计算，确保房屋墙体在地震作用下不发生破坏。

4.1　多层砌体房屋的震害及原因分析

砌体房屋以砌筑的墙体为主要承重构件。地震时，砌体结构同时承受重力荷载和水平及竖向地震作用，受力复杂，结构的破坏情况随结构类型和构造措施的不同而有所不同，大致有以下几种震害现象。

1. 房屋倒塌

当房屋底部的墙体不足以抵抗强震作用下的剪力时，房屋下部特别是底层墙体的承载力不足，易造成房屋底层倒塌，从而导致房屋整体倒塌；当房屋上部墙体的承载力不足时，则易造成房屋上部倒塌，并将下部砸坏。当个别部位整体性差，或平面、立面处理不当时，则易造成局部倒塌，如图 4-1 所示。

2. 墙体的开裂破坏

墙体的裂缝形式主要有水平裂缝、斜裂缝、交叉裂缝和竖向裂缝等。严重的裂缝可导致墙体破坏。斜裂缝主要是由于墙体在地震剪力作用下，其主拉应力超过了砌体的抗拉强度而产生的。在地震力反复作用下，砖墙又可形成斜向交叉裂缝，在纵向的窗间墙上易出现这种交叉裂缝，如图 4-2 所示。

图 4-1　某住宅楼局部倒塌

图 4-2　某砌体结构斜向交叉裂缝

水平裂缝大都发生在外纵墙窗口的上下截面处，其产生的主要原因是当楼盖刚度差、横墙间距大时，横向水平地震剪力不能通过楼盖传到横墙，引起纵墙在出平面外受弯、受剪。

在墙体与楼板的连接处，有时也产生水平裂缝，这主要是因为楼盖与墙体的锚固性能较差。当纵、横墙连接不好时，则易产生竖向裂缝。

3. 转角处墙体的破坏

转角处墙体的破坏在震害中较为常见，其产生的主要原因有以下两点：墙角位于房屋尽端，房屋整体对其约束较差，纵、横墙产生的裂缝往往在墙角处相遇；墙角在地震作用下的应力状态十分复杂，易产生应力集中。特别是当房屋尽端处布置空旷房间时，横墙较少，约束更差，更易产生这种形式的破坏，甚至造成建筑物转角处局部倒塌。

4. 纵、横墙交接处的破坏

由于砌体强度较低，或存在内外墙不同时施工、施工缝留直槎、未按留槎规定操作、未按要求设置拉结筋，以及抗震设计未设置足够的圈梁、构造柱等问题，导致纵横墙的交接处会因连接不足而发生破坏。

5. 楼梯间等墙体刚度发生变化和应力集中的部位的破坏与倒塌

楼梯间墙体缺少与各层楼板连接的侧向支撑，有时还因为楼梯踏步设置不当而削弱了楼梯间的砌体强度，特别是楼梯间顶层砌体的无支撑高度为一层半高度，在地震中的破坏比较严重，如图 4-3 所示。

图 4-3　房屋角部的楼梯间的破坏

6. 出屋面附属结构的破坏

多层砌体房屋出屋面的附属物，如电梯间、烟囱、女儿墙等，由于鞭梢效应导致地震力被放大，若连接不当，在地震时最容易发生破坏。

7. 预制楼盖的破坏

无论是整浇或装配式楼盖，在地震中很少有因楼盖（或屋盖）本身的承载力、刚度不足而造成破坏的。整浇楼盖往往由于墙体倒塌而破坏；装配式楼盖则可能因在墙体上的支撑长度不足，或由于板与板之间缺乏足够的拉结而塌落。

楼盖的梁端可能因支撑长度不足而自墙内拔出，造成梁的塌落。梁端若无梁垫或梁垫尺寸不足，在垂直方向的地震作用下，梁下墙体出现垂直裂缝或将墙体压碎。

4.2 多层砌体房屋的抗震概念设计

抗震的概念设计包括合理的建筑和结构布置；房屋总高度总层数的限制，高宽比的限制，抗震墙间距的限制等，主要目的是使房屋在地震作用下各构件能均匀受力，不产生过大的内力或应力。

4.2.1 多层砌体建筑平面与立面的布置规则

多层砌体房屋的结构选型和布置首先要满足建筑体形及其构件布置的规则性要求，应做到下述两点：第一建筑形状力求简单、规则；第二建筑平面与立面的刚度和质量力求对称、均匀。

地震震害调查表明，采用纵墙承重的多层砌体房屋，因横向支撑较少，纵墙极易发生平面外弯曲破坏而导致结构倒塌，因此《抗震规范》第7.1.7条规定：

7.1.7 多层砌体房屋的建筑布置和结构体系，应符合下列要求：

1. 应优先采用横墙承重或纵、横墙共同承重的结构体系。不应采用砌体墙和混凝土墙混合承重的结构体系。

2. 纵、横向砌体抗震墙的布置应符合下列要求：

1）宜均匀对称，沿平面内宜对齐，沿竖向应上下连续；且纵、横向墙体的数量不宜相差过大。

2）平面轮廓凹凸尺寸，不应超过典型尺寸的50%；当超过典型尺寸的25%时，房屋转角处应采取加强措施。

3）楼板局部大洞口的尺寸不宜超过楼板宽度的30%，且不应在墙体两侧同时开洞。

4）房屋错层的楼板高差超过500mm时，应按两层计算；错层部位的墙体应采取加强措施。

5）同一轴线上的窗间墙宽度宜均匀；墙面洞口的面积，6度、7度时不宜大于墙面总面积的55%，8度、9度时不宜大于50%。

6）在房屋宽度方向的中部应设置内纵墙，其累计长度不宜小于房屋总长度的60%（高宽比大于4的墙段不计入）。

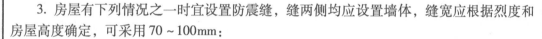

3. 房屋有下列情况之一时宜设置防震缝，缝两侧均应设置墙体，缝宽应根据烈度和房屋高度确定，可采用 70 ~ 100mm：

1）房屋立面高差在 6m 以上。

2）房屋有错层，且楼板高差大于层高的 1/4。

3）各部分结构的刚度、质量截然不同。

4. 楼梯间不宜设置在房屋的尽端或转角处。

5. 不应在房屋转角处设置转角窗。

6. 横墙较少、跨度较大的房屋，宜采用现浇钢筋混凝土楼、屋盖。

4.2.2 砌体房屋的总高度及层数限制

多层砌体房屋的抗震能力与房屋的总高度有直接联系。历次地震的宏观调查资料说明，在不同烈度区，四、五层砖砌体房屋的震害要比二、三层砖砌体房屋的震害明显加重。在同一地区的相邻砖房，四、五层的比二、三层的破坏严重、倒塌的百分率要高得多。

7.1.2 多层房屋的层数和高度应符合下列要求：

1. 一般情况下，房屋的层数和总高度不应超过表 7.1.2 的规定。

表 7.1.2 房屋的层数和总高度限值　　　　　　　　　　（单位：m）

房屋类别		最小抗震墙厚度/mm	烈度和设计基本地震加速度										
			6		7				8				9
			0.05g		0.10g		0.15g		0.20g		0.30g		0.40g
			高度	层数	高度	层数	高度	层数	高度	层数	高度	层数	高度	层数
多层砌体房屋	普通砖	240	21	7	21	7	21	7	18	6	15	5	12	4
	多孔砖	240	21	7	21	7	18	6	18	6	15	5	9	3
	多孔砖	190	21	7	18	6	15	5	15	5	12	4	—	—
	小砌块	190	21	7	21	7	18	6	18	6	15	5	9	3
底部框架-抗震墙砌体房面	普通砖多孔砖	240	22	7	22	7	19	6	16	5	—	—	—	—
	多孔砖	190	22	7	19	6	16	5	13	4	—	—	—	—
	小砌块	190	22	7	22	7	19	6	16	5	—	—	—	—

注：1. 房屋的总高度指室外地面到主要屋面板板顶或檐口的高度，半地下室从地下室室内地面算起，全地下室和嵌固条件好的半地下室应允许从室外地面算起；对带阁楼的坡屋面应算到山尖墙的 1/2 高度处。

2. 室内外高差大于 0.6m 时，房屋总高度应允许比表中的数据适当增加，但增加量应少于 1.0m。

3. 乙类的多层砌体房屋仍按本地区设防烈度查表，其层数应减少一层且总高度应降低 3m；不应采用底部框架-抗震墙砌体房屋。

4. 本表所列的小砌块砌体房屋不包括配筋混凝土小型空心砌块砌体房屋。

2. 横墙较少的多层砌体房屋，总高度应比表 7.1.2 的规定降低 3m，层数相应减少一层；各层横墙很少的多层砌体房屋，还应再减少一层。

注：横墙较少是指同一楼层内开间大于4.2m的房间占该层总面积的40%以上；其中，开间不大于4.2m的房间占该层总面积不到20%且开间大于4.8m的房间占该层总面积的50%以上为横墙很少。

3. 6度、7度时，横墙较少的丙类多层砌体房屋，当按规定采取加强措施并满足抗震承载力要求时，其高度和层数应允许仍按表7.1.2的规定采用。

对于一般的建筑物，楼盖的重量占房屋层重的35%左右。当房屋总高度相同时，增加一层楼盖就意味着增加半层楼的地震作用，相当于房屋增高了半层，所以《抗震规范》第7.1.2条对房屋是用高度和层数两项指标进行控制的。

砌体是脆性材料，变形能力较小，没有抗震后备潜力，地震时墙体容易发生严重破坏。而墙体一旦开裂，持续的地面运动就有可能使破裂的墙体发生平面错动，从而大幅度降低墙体的竖向承载力。上面如果层数多且重量大时，已破碎和错位的墙体就可能被压垮，导致房屋整体倒塌，所以适当限制砌体承重房屋的高度是减轻地震灾害的一种经济而有效的措施。

另外，《抗震规范》第7.1.3条对层高还有具体的限定：

7.1.3　多层砌体承重房屋的层高，不应超过3.6m。

底部框架-抗震墙砌体房屋的底部，层高不应超过4.5；当底层采用约束砌体抗震墙时，底层的层高不应超过4.2m。

注：当使用功能确有需要时，采用约束砌体等加强措旋的普通砖房屋，层高不应超过3.9m。

4.2.3　多层砌体房屋高宽比限制

房屋总高度与总宽度的比值称为房屋高宽比。震害调查表明，在8度地震区，五、六层的砖混结构房屋都发生了较为明显的整体弯曲破坏，底层外墙产生水平裂缝并向内延伸至横墙。这是因为当烈度较高、房屋高宽比较大时，地震作用所产生的倾覆力矩在底层墙体的水平截面上引起的弯曲应力很容易超过砌体的弯曲抗拉强度，从而导致砖墙出现水平裂缝，所以《抗震规范》第7.1.4条对房屋高宽比进行了限制，以减少房屋弯曲效应，增加房屋的稳定性。

7.1.4　多层砌体房屋的总高度与总宽度的最大比值，宜符合表7.1.4的要求。

表7.1.4　房屋最大高宽比

烈度	6	7	8	9
最大高宽比	2.5	2.5	2.0	1.5

注：1. 单面走廊房屋的总宽度不包括走廊宽度。

2. 建筑平面接近正方形时，其高宽比宜适当减少。

4.2.4　抗震墙的间距限制

多层砌体房屋的横向地震力主要由横墙承担，横墙除进行抗震验算保证有足够的承载力外，还应保证楼盖具有能将地震力传递给横墙的水平刚度。《抗震规范》第7.1.5条对房屋抗震横墙的间距作了具体要求。

7.1.5 房屋抗震横墙的间距，不应超过表 7.1.5 的要求。

表 7.1.5 房屋抗震横墙的间距 （单位：m）

房屋类别		烈 度			
		6	7	8	9
多层砌体房屋	现浇或装配整体式钢筋混凝土楼、屋盖	15	15	11	7
	装配式钢筋混凝土楼、屋盖	11	11	9	4
	木屋盖	9	9	4	—
底部框架-抗震墙砌体房屋	上部各层	同多层砌体房屋			
	底层或底部两层	18	15	11	—

注：1. 多层砌体房屋的顶层，除木屋盖外的最大横墙间距应允许适当放宽，但应采取相应加强措施。

2. 多孔砖抗震横墙厚度为 190mm 时，最大横墙间距应比表中数值减少 3m。

4.2.5 房屋的局部尺寸限制

在强烈地震作用下，房屋破坏往往是从薄弱部位开始，如窗间墙、尽端墙段、女儿墙等部位，因此对这些薄弱部位的尺寸应加以限制。限制的目的有以下两方面：可以防止因为这些部位的局部破坏或失稳而造成整个房屋结构的破坏甚至倒塌；可以防止某些非结构构件（如女儿墙）掉落伤人。《抗震规范》第 7.1.6 条对多层砌体房屋中砌体墙段的局部尺寸限制进行了规定。

7.1.6 多层砌体房屋中砌体墙段的局部尺寸限制，宜符合表 7.1.6 的要求。

表 7.1.6 房屋的局部尺寸限制 （单位：m）

部位	6 度	7 度	8 度	9 度
承重窗间墙最小宽度	1.0	1.0	1.2	1.5
承重外墙尽端至门窗洞边的最小距离	1.0	1.0	1.2	1.5
非承重外墙尽端至门窗洞边的最小距离	1.0	1.0	1.0	1.0
内墙阳角至门窗洞边的最小距离	1.0	1.0	1.5	2.0
无锚固女儿墙（非出入口处）的最大高度	0.5	0.5	0.5	0.0

注：1. 局部尺寸不足时，应采取局部加强措施进行弥补，且最小宽度不宜小于 1/4 层高和表列数据的 80%。

2. 出入口处的女儿墙应有锚固。

4.3 多层砌体房屋抗震验算

多层砌体结构所受的地震作用主要包括水平地震作用、竖向地震作用和扭转作用。一般来说，竖向地震作用对多层砌体结构所造成的破坏相对较小，而扭转作用可以通过在平面布置中注意结构对称性得到缓解，因此对多层砌体结构的抗震计算，一般只需要进行水平地震作用下的计算。计算的归结点，是对薄弱区段的墙体进行抗剪承载力的复核。

多层砌体结构的抗震验算，一般包括三个基本步骤：确定计算简图及水平地震作用计算；分配地震剪力；对不利墙段进行抗震验算。

4.3.1   确定计算简图

计算多层砌体房屋的地震作用时，应以防震缝所划分的结构单元作为计算单元，主要作以下假定：

（1）若多层砌体房屋的建筑布置及结构选型满足《抗震规范》的有关规定，可只考虑两个主轴方向或斜向的抗震计算，忽略房屋的扭转振动效应。

（2）当砌体房屋的高宽比满足规定要求时，可认为砌体房屋在水平地震作用下的变形以层间剪切变形为主。

（3）房屋各层楼盖的水平刚度无限大，可认为仅做平移运动，各抗侧力构件在同一楼层标高处的侧移相同。

根据以上假定，多层砌体房屋在水平地震作用下的计算简图可采用层间剪切型，对于图4-4 所示的一般多层砌体结构，可以采用图4-5 所示的计算简图。

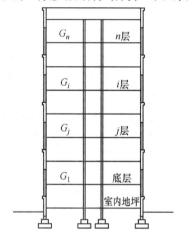

图 4-4   一般多层砌体结构

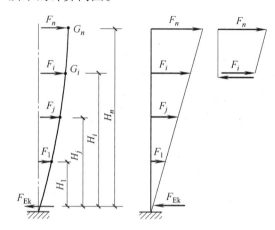

图 4-5   结构计算简图

各楼层质点的重力荷载应集中到楼、屋盖标高处，这些荷载包括楼、屋盖自重，活荷载组合值，以及上下各半层的墙体、构造柱重量之和。计算简图中，底部固定端按下列规定确定：当基础埋置较浅时，取基础顶面；当基础埋置较深时，取室外地坪下 0.5m；当设有整体刚度很大的全地下室时，取地下室顶板顶部；当地下室整体刚度较小或为半地下室时，取地下室室内地坪处，此时地下室顶板也算一层楼面。

4.3.2   水平地震作用的计算

1. 楼层地震剪力计算

多层砌体房屋的质量与刚度沿高度分布一般比较均匀，且以剪切变形为主，故可按底部剪力法计算地震作用。对大量实际砌体结构的现场动力测试表明，多层砌体房屋的基本周期，一般处于我国建筑抗震设计规范所规定的设计反应谱的最短平台阶所覆盖的周期范围内，因此可取结构的底部剪力为

$$F_{EK} = \alpha_{max} G_{eq} \tag{4-1}$$

$$G_{eq} = 0.85 \sum_{i=1}^{n} G_i \tag{4-2}$$

式中　F_{EK}——结构总的水平地震作用标准值;

　　　α_{max}——水平地震影响系数最大值;

　　　G_{aq}——结构等效总重力荷载;

　　　G_i——集中于第 i 质点的重力荷载代表值。

另外,考虑到多层砌体结构在线弹性变形阶段的地震作用基本上按倒三角形分布,故取 $\delta_{n=0}$。这样,任一质点 i 的水平地震作用标准值 F_i 为

$$F_i = \frac{G_i H_i}{\sum_{j=1}^{n} G_j H_j} F_{EK} \tag{4-3}$$

式中　G_i、G_j——分别为集中于质点 i、j 的重力荷载代表值;

　　　H_i、H_j——分别为质点 i、j 的计算高度。

第 i 楼层的层间剪力标准值 V_i 为第 i 层以上的地震作用标准值之和,即

$$V_i = \sum_{j=i}^{n} F_{ij} \tag{4-4}$$

式中　V_i——第 i 楼层的层间剪力标准值。

对于突出屋面的屋顶间、女儿墙、烟囱等,其地震作用效应应乘以地震增大系数3,以考虑鞭梢效应的影响。但增大部分不应往下传递,即计算房屋下层的层间地震剪力时不考虑上述地震作用增大部分的影响。

为安全起见,楼层的水平地震剪力不宜过小,因此《抗震规范》第5.2.5条规定:

5.2.5　抗震验算时,结构任一楼层的水平地震剪力应符合下式要求

$$V_{EKi} > \lambda \sum_{j=i}^{n} G_j \tag{5.2.5}$$

式中　V_{EKi}——第 i 层对应于水平地震作用标准值的楼层剪力;

　　　λ——剪力系数,不应小于规定的值;

　　　G_j——第 j 层的重力荷载代表值。

例4-1　某四层砖砌体房屋,尺寸如图4-6a、b所示。结构设防烈度为7度。楼盖及屋盖均采用预应力混凝土空心板,横墙承重。楼梯间突出屋顶。除图中注明外,窗口尺寸为 $1.5m \times 2.1m$,门洞尺寸为 $1.0m \times 2.5m$。试计算该楼房的楼层地震剪力。

【解】　(1)计算楼层重力荷载代表值。恒荷载(楼层及墙重)取100%,楼(屋)面活荷载取50%,经计算得

屋顶层——$G_5 = 210kN$

四　层——$G_4 = 3760kN$

三　层——$G_3 = 4410kN$

二　层——$G_2 = 4410kN$

一　层——$G_1 = 4840kN$

(2)计算结构总的地震作用标准值。设防烈度为7度,取 $\alpha_{max} = 0.08$,则有

$$F_{EK} = 0.08 \times \left(0.85 \times \sum_{i=1}^{n} G_i \right) kN = 1199kN$$

(3)计算楼层地震剪力。计算过程见表4-1。

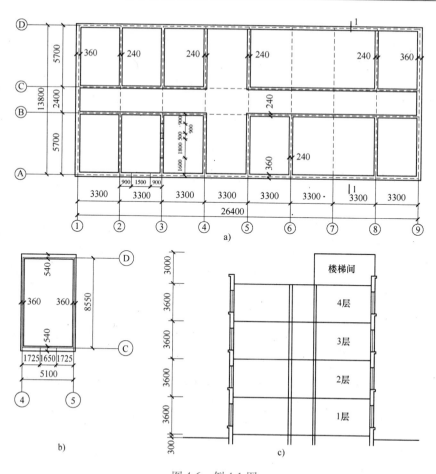

图 4-6 例 4-1 图
a）首层平面 b）屋顶间平面 c）剖面

表 4-1 楼层地震剪力计算

分项 楼层	G_i/kN	H_i/m	G_iH_i /（kN·m）	$\dfrac{G_iH_i}{\sum\limits_{j=1}^{5}G_jH_j}$	F_i/kN	V_i/kN
5（屋顶层）	210	18.2	3822	0.023	27.6	$V_5=27.6\times3=82.8$
4	3760	15.2	57152	0.339	406.5	434.1
3	4410	11.6	51156	0.303	363.3	797.4
2	4410	8.0	35280	0.209	250.6	1048
1	4840	4.4	21296	0.126	151.0	1199
Σ	17630		168706		1199	

① 282.1 由上述计算出的 $F_6 > 0.016 \times 210\text{kN} = 3.36\text{kN}$。

2. 墙体的抗侧移刚度计算

楼层剪力算出后，还应进一步把楼层地震剪力分配到各片墙及其墙肢上。由于垂直地震作用方向的墙体的水平刚度很小，因而其抗震作用忽略不计，故在进行横向抗震验算时，楼层剪力全部由横墙承担；进行纵向抗震验算时，楼层剪力全部由纵墙承担，因此在抗震设计中，当抗震横墙的间距不超过《抗震规范》第 7.1.5 条规定的限值时，则假定 V_i 由各层与 V_i 方向一致的抗震墙体共同承担,按墙体的抗侧移刚度将该楼层的剪力分配到同层的各道墙上。

在构件顶端加一单位力所产生的侧移 δ 称为该构件的侧移柔度;若使构件顶端产生单位侧移所需施加的力为 K,则称 K 称为该构件的侧向刚度,K 与 δ 的关系为 $K=1/\delta$。

进行多层砌体房屋的抗震分析时,需要确定墙体的层间抗侧力等效刚度。如各层楼盖仅发生平移而不发生转动,可视其为下端固定、上端嵌固的构件,如图 4-7 所示。根据力学可知,多层砌体房屋的墙体顶部作用单位水平力时,其侧向变形包括弯曲变形和剪切变形,如图 4-8 所示。

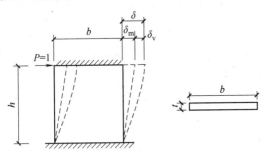

图 4-7 墙体的变形

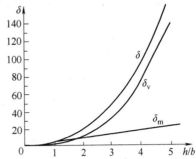

图 4-8 弯曲变形与剪切变形对比

弯曲变形

$$\delta_{\mathrm{m}} = \frac{h^3}{12EI} = \frac{1}{Et}\left(\frac{h}{b}\right)^3 \tag{4-5}$$

剪切变形

$$\delta_{\mathrm{v}} = \frac{\zeta h}{AG} = \frac{1}{Et} \cdot \frac{h}{b} \cdot 3 \tag{4-6}$$

式中　h——墙体、门间墙或窗间墙的高度;

　　b、t——分别为墙体、墙段的宽度和厚度;

　　A——墙体、门间墙或窗间墙的水平截面面积,$A=bt$;

　　I——墙体、门间墙或窗间墙的水平截面惯性矩,$I=1/12b^3t$;

　　ζ——截面剪应力分布不均匀系数,对矩形截面取 $\zeta=1.2$;

　　E——砌体的弹性模量;

　　G——砌体的剪切模量,取 $G=0.4E$。

这样,墙体在单位力作用下总的变形为

$$\delta = \delta_{\mathrm{m}} + \delta_{\mathrm{v}} = \frac{1}{Et}\left[\left(\frac{h}{b}\right)^3 + 3\frac{h}{b}\right] \tag{4-7}$$

因此对于同时考虑弯曲、剪切变形的构件,其侧向刚度为

$$K = \frac{1}{\delta} = \frac{1}{\delta_{\mathrm{v}} + \delta_{\mathrm{m}}} = \frac{Et}{\dfrac{h}{b}\left[\left(\dfrac{h}{b}\right)^2 + 3\right]} \tag{4-8}$$

进行地震剪力分配和截面验算时,按《抗震规范》第 7.2.3 条计算。

7.2.3 进行地震剪力分配和截面验算时，砌体墙段的层间等效侧向刚度应按下列原则确定：

1. 刚度的计算应计及高宽比的影响。高宽比小于 1 时，可只计算剪切变形；高宽比不大于 4 且不小于 1 时，应同时计算弯曲和剪切变形；高宽比大于 4 时，等效侧向刚度可取 0.0。

注：墙段的高宽比指层高与墙长之比，对门窗洞边的小墙段指洞净高与洞侧墙宽之比。

2. 墙段宜按门窗洞口划分；对设置构造柱的小开口墙段按毛墙面计算的刚度，可根据开洞率乘以表 7.2.3 的墙段洞口影响系数。

表 7.2.3 墙段洞口影响系数

开洞率	0.10	0.20	0.30
影响系数	0.98	0.94	0.88

注：1. 开洞率为洞口水平截面面积与墙段水平毛截面面积之比，相邻洞口之间净宽小于 500mm 的墙段视为洞口。

2. 洞口中线偏离墙段中线大于墙段长度的 1/4 时，表中影响系数值折减 0.9；门洞的洞顶高度大于层高的 80% 时，表中数据不适用；窗洞高度大于 50% 的层高时，按门洞对待。

通常，可用墙肢的相对侧向刚度比例分配地震剪力。在计算相对侧向刚度时，若各墙肢的材料相同，可取 $E = 1$；若各墙肢的材料相同，且厚度相同，可取 $Et = 1$。在计算高宽比 h/b 时，墙肢高度 h 的取法：窗间墙取窗洞高；门间墙取门洞高；门窗之间的墙取窗洞高；尽端墙取紧靠尽端的门洞或窗洞高。

在计算墙体侧向刚度时，实际的砌体结构往往存在小开口墙段。此时，为了避免计算的复杂性，计算墙体刚度时可以不考虑开洞，然后将所得值根据墙体开洞率乘以墙段洞口影响系数，即得开洞墙体的刚度。

3. 楼层地震剪力在抗侧力墙体间的分配（楼层地震剪力在各墙体间的分配）

楼层地震剪力 V_i 一般假定由各层与 V_i 方向一致的各抗震墙体共同承担，即横向地震作用由横墙承担，纵向地震作用由纵墙承担，V_i 在各墙体间的分配主要取决于楼盖的水平刚度和各墙体的抗侧向刚度。

（1）横向楼层地震剪力的分配。横向楼层地震剪力在横向各抗侧力墙体之间的分配，不仅取决于每一片墙体的层间抗侧力等效刚度，而且还取决于楼盖的整体刚度。

1）刚性楼盖房屋。对于抗震横墙的最大间距满足规范规定的现浇及装配整体式楼盖房屋，当受横向水平地震作用时，可以认为楼盖在其平面内没有变形，因此可以把楼盖在其平面内视为绝对刚性的连续梁，而将各横墙看作是该梁的弹性支座，各支座反力即为各抗震墙所承受的地震剪力。当结构和荷载都对称时，各横墙的水平位移相等，如图 4-9 所示。

设第 i 层共有 m 道横墙，其中第 j 道横墙承受的地震剪力为 V_{ij}，则

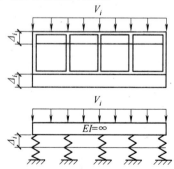

图 4-9 刚性楼盖的计算简图

$$\sum_{j=1}^{m} V_{ij} = V_i \qquad (4-9)$$

式中 V_{ij}——第 j 道横墙的侧向刚度 K_{ij} 与楼层层间侧移 Δ_i 的乘积

$$V_{ij} = K_{ij}\Delta_i \tag{4-10}$$

将式（4-10）代入式（4-9）变形得

$$\Delta_i = \frac{V_i}{\sum\limits_{j=1}^{m} K_{ij}} \tag{4-11}$$

再将式（4-11）代入式（4-10）即得

$$V_{ij} = \frac{K_{ij}}{\sum\limits_{j=1}^{m} K_{ij}} V_i \tag{4-12}$$

式（4-12）说明，刚性楼盖房屋的楼层地震剪力可按照各横墙的侧向刚度比例分配给各墙体。若同一层墙体的材料及高度均相同，则将式（4-12）简化后可得

$$V_{ij} = \frac{A_{ij}}{\sum\limits_{j=1}^{m} A_{ij}} V_i \tag{4-13}$$

式中 A_{ij}——第 i 层第 j 片墙体的净横截面面积。

对刚性楼盖，当每个抗震墙的高度、材料均相同时，其楼层地震剪力可按各抗震墙的横截面面积比例进行分配。

2）柔性楼盖房屋。对于木楼盖等柔性楼盖房屋，由于其本身刚度小，在地震剪力作用下，楼盖的平面变形除平移外还有弯曲变形。楼盖在各处的位移不等，在横墙两侧的楼盖变形曲线具有转折。此时，可认为楼盖如同一多跨简支梁，横墙为各跨简支梁的弹性支座，如图 4-10 所示。各片墙可独立地变形，各横墙所承担的地震作用，为该墙两侧相邻横墙之间各一半楼盖面积上重力荷载所产生的地震作用，因此各横墙所承担的地震剪力可按各墙所承担的重力荷载比例进行分配，即

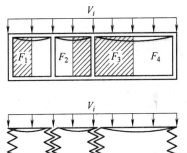

图 4-10 柔性楼盖的计算简图

$$V_{ij} = \frac{G_{ij}}{G_i} V_i \tag{4-14}$$

式中 G_{ij}——第 i 层楼盖上第 j 道墙与左右两侧相邻横墙之间各一半楼盖面积（从属面积）上承担的重力荷载之和；

G_i——第 i 层楼盖上所承担的总重力荷载。

当楼层上的重力荷载均匀分布时，上式计算可简化为按各墙从属面积的比例进行分配，即

$$V_{ij} = \frac{F_{ij}}{F_i} V_i \tag{4-15}$$

式中 F_{ij}——第 i 层第 j 道墙体的从属面积；

F_i——第 i 层楼盖的总面积。

3）中等刚性楼盖房屋。对于使用小型预制板的装配式钢筋混凝土楼（屋）盖房屋，其

楼（屋）盖刚度介于刚性楼盖与柔性楼（屋）盖之间，既不能把它假定为绝对刚性水平梁，也不能假定为多跨连续梁，因此可采取上述两种分配算法的平均值，即

$$V_{ij} = \frac{1}{2}\left(\frac{K_{ij}}{\sum\limits_{j=1}^{m} K_{ij}} + \frac{G_{ij}}{G_i}\right)V_i \qquad (4-16)$$

对于一般房屋，当墙高相同，所用材料相同，楼（屋）盖上的荷载均匀分布时，V_{ij} 也可写为

$$V_{ij} = \frac{1}{2}\left(\frac{A_{ij}}{A_i} + \frac{F_{ij}}{F_i}\right)V_i \qquad (4-17)$$

（2）纵向楼层地震剪力的分配。房屋的纵向尺寸一般比横向大得多，纵墙的间距在一般砌体房屋中也比较小。在纵向地震力作用下，楼盖的变形较小，可认为在其平面内无变形，因此在纵向地震力作用下，纵墙所承担的地震剪力，无论是现浇的还是装配的钢筋混凝土楼盖，均可按刚性楼盖考虑，即纵向楼层地震剪力可按纵墙的侧向刚度比例进行分配。

（3）在同一片墙上各墙肢间地震剪力的分配。在同一片墙上，门窗洞口之间各墙肢所承担的地震剪力可按各墙肢的侧向刚度比例再进行分配。设第 j 道墙上共划分出 s 个墙肢，则第 r 墙肢分配的剪力为

$$V_{jr} = \frac{K_{jr}}{\sum\limits_{r=1}^{s} K_{jr}} V_{ij} \qquad (4-18)$$

式中 K_{jr}——第 j 墙体第 r 墙肢的侧移刚度。

例 4-2 条件同例 4-1，试计算第一层③轴上 a、b、c 墙肢的地震剪力。该墙上的门洞尺寸为 0.9m × 2.1m，窗洞尺寸为 1.8m × 1.2m，如图 4-11 所示。

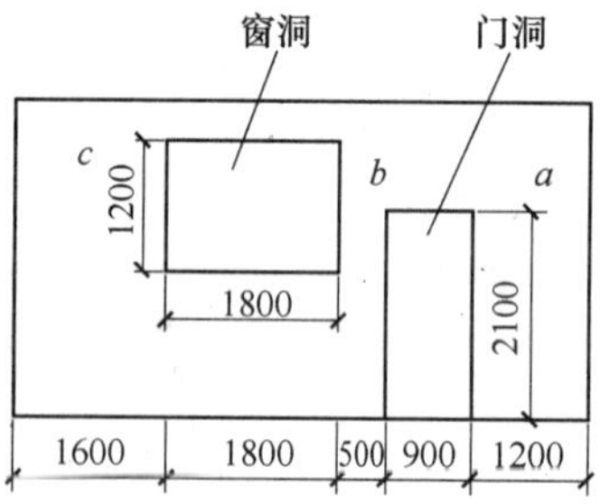

【解】 （1）楼层地震剪力的分配。例 4-1 中已解得 V_1 = 1199kN。预制装配式楼盖按半刚性楼盖考虑。因墙高度相同，所用材料相同，且楼盖上重力荷载均匀，故可按式 (4-16) 计算③轴首层墙体所分配的地震剪力。

图 4-11 例 4-2③轴门窗示意图

$$A_{1,3} = (6.0 - 1.8 - 0.9) \times 0.24 \, \text{m}^2 = 0.79 \, \text{m}^2$$

$$A_1 = (13.8 + 0.36) \times 0.36 \times 2 \, \text{m}^2 + (5.7 + 0.12 + 0.18) \times 0.24 \times 10 \, \text{m}^2 + 0.79 \, \text{m}^2 = 25.39 \, \text{m}^2$$

$$F_{1,3} = \left(5.7 + \frac{0.36}{2} + \frac{2.4}{2}\right) \times 3.3 \, \text{m}^2 = 23.4 \, \text{m}^2$$

$$F_1 = (26.4 + 0.36) \times (13.8 + 0.36) \, \text{m}^2 = 378.9 \, \text{m}^2$$

故

$$V_{1,3} = \frac{1}{2}\left(\frac{0.79}{25.39} + \frac{23.4}{378.9}\right) \times 1199 \, \text{kN} = 55.7 \, \text{kN}$$

（2）墙肢地震剪力的分配

墙肢 a

$$\frac{h}{b} = \frac{2.1}{1.2} = 1.75$$

墙肢 b

$$\frac{h}{b}=\frac{1.2}{0.5}=2.4$$

墙肢 c

$$\frac{h}{b}=\frac{1.2}{1.6}=0.75$$

因此,墙肢 c 计算侧向刚度时仅考虑剪切变形,而墙肢 a 和 b 计算侧向刚度时则要同时考虑剪切与弯曲变形。这里,采用相对侧向刚度分配地震剪力

$$K_a=\frac{Et}{1.75^3+3\times1.75}=0.094Et$$

$$K_b=\frac{Et}{2.4^3+3\times2.4}=0.048Et$$

$$K_c=\frac{Et}{3\times0.75}=0.444Et$$

$$\sum K=K_a+K_b+K_c=0.586Et$$

故各墙肢分配的地震剪力为

$$V_a=\frac{0.094}{0.586}\times55.7\text{kN}=8.93\text{kN}$$

$$V_b=\frac{0.048}{0.586}\times55.7\text{kN}=4.56\text{kN}$$

$$V_c=\frac{0.444}{0.586}\times55.7\text{kN}=42.21\text{kN}$$

4.3.3　无筋墙体截面抗震承载力验算

当墙体或墙段所分配的地震剪力确定后,即可验算墙体的抗震强度。按《抗震规范》第7.2.2条规定的原则计算。

> 7.2.2　对砌体房屋,可只选从属面积较大或竖向应力较小的墙段进行截面抗震承载力验算。

按《抗震规范》第7.2.7条规定的公式进行截面抗震承载力验算。

> 7.2.7　普通砖、多孔砖墙体的截面抗震受剪承载力,应按下列规定验算:
>
> 一般情况下,应按下式验算
>
> $$V\leqslant f_{vE}A/\gamma_{RE} \tag{7.2.7-1}$$
>
> 式中　V——墙体剪力设计值;
>
> 　　　f_{vE}——砖砌体沿阶梯形截面破坏的抗震抗剪强度设计值;
>
> 　　　A——墙体横截面面积;
>
> 　　　γ_{RE}——承载力抗震调整系数,承重墙按本规范表5.4.2采用,自承重墙按0.75采用。

其中 f_{vE} 按《抗震规范》第7.2.6条计算。

7.2.6　各类砌体沿阶梯形截面破坏的抗震抗剪强度设计值,应按下式确定

$$f_{vE} = \zeta_N f_v \qquad (7.2.6)$$

式中　f_v——非抗震设计的砌体抗剪强度设计值;

　　　ζ_N——砌体抗震抗剪强度的正应力影响系数,应按表7.2.6采用。

表7.2.6　砌体抗震抗剪强度的正应力影响系数

砌体类别	σ_0/f_v							
	0.0	1.0	3.0	5.0	7.0	10.0	12.0	≥16.0
普通砖,多孔砖	0.80	0.99	1.25	1.47	1.65	1.90	2.05	—
小砌块	—	1.23	1.69	2.15	2.57	3.02	3.32	3.92

注:σ_0 为对应于重力荷载代表值的砌体截面平均压应力。

例4-3　试验算例4-1中底层③轴墙体的抗震强度。墙体用砖的强度等级为 MU10,砂浆为 M5.0。

【解】　(1)计算各墙肢在层高半高处的平均压应力

墙肢 a　　　　　　　　　$\sigma_0 = 0.57\text{N/mm}^2$

墙肢 b　　　　　　　　　$\sigma_0 = 1.4\text{N/mm}^2$

墙肢 c　　　　　　　　　$\sigma_0 = 0.66\text{N/mm}^2$

(2)验算抗震强度,各墙肢验算结果列于表4-2。

表4-2　底层③轴墙体抗震强度验算

墙段	面积/m^2	σ_0/f_v	ε_N	$f_{vE} = \varepsilon_N f_v$	V/kN	$f_{vE}A/\gamma_{RE}$/kN
a	0.288	5.18	1.486	0.163	9.1	50.7 > 9.1
b	0.12	12.7	2.05	0.225	4.6	29.8 > 4.6
c	0.384	6	1.56	0.172	43	71.4 > 43

可见,各墙肢的抗震强度均满足要求。但对于墙肢 b,墙长等于 0.5m,小于承重窗间墙1m 的限制,因此对于墙肢 b 采取构造配筋的加强措施。

4.4　多层砌体房屋的抗震构造措施

砌体结构具有整体性弱,抗拉、抗剪强度低,材料匀质性差,以及施工质量难控制等弱点。要使砌体房屋具有合理的抗震能力,除计算外,构造措施也非常重要。

4.4.1　设置钢筋混凝土构造柱

试验表明,设置钢筋混凝土构造柱,对墙体的开裂强度虽无明显的提高,但它对墙体的抗剪强度却可以提高15% ~ 20%;更重要的是,通过它与圈梁的配合,使砌体成为有封闭框的"约束砌体",从而增强房屋的抗变形能力。震害经验表明,设置构造柱是防止房屋在强震时倒塌的一种既经济又有效的措施。

1. 构造柱设置的部位和要求

《抗震规范》第7.3.1条对多层砖砌体房屋构造柱的设置作了具体规定，其中构造柱的构造详图如图4-12所示。

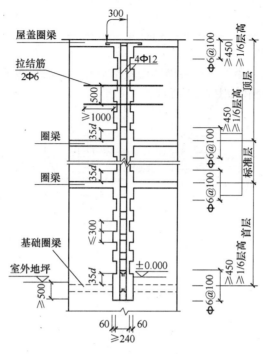

图4-12　构造柱的构造详图

7.3.1　各类多层砖砌体房屋，应按下列要求设置现浇钢筋混凝土构造柱：

1. 构造柱设置部位，一般情况下应符合表7.3.1的要求。

2. 外廊式和单面走廊式的多层房屋，应根据房屋增加一层的层数，按表7.3.1的要求设置构造柱，且单面走廊两侧的纵墙均应按外墙处理。

表7.3.1　多层砖砌体房屋构造柱设置要求

房屋层数				设置部位	
6度	7度	8度	9度		
四、五	三、四	二、三		楼、电梯间四角，楼梯斜梯段上下端对应的墙体 外墙四角和对应的转角 错层部位横墙与外纵墙交接处 大房间内外墙交接处 较大洞口两侧	隔12m或单元横墙与外纵墙交接处 楼梯间对应的另一侧内横墙与外纵墙交接处
六	五	四	二		隔开间横墙（轴线）与外墙交接处 山墙与内纵墙交接处
七	≥六	≥五	≥三		内墙（轴线）与外墙交接处 内墙的局部较小墙垛处 内纵墙与横墙（轴线）交接处

注：较大洞口，内墙指不小于2.1m的洞口；外墙在内外墙交接处已设置构造柱时应允许适当放宽，但洞侧墙体应加强。

3. 横墙较少的房屋，应根据房屋增加一层的层数，按表7.3.1的要求设置构造柱。当横墙较少的房屋为外廊式或单面走廊式时，应按本条2款要求设置构造柱；但6度不超过四层、7度不超过三层和8度不超过二层时，应按增加二层的层数对待。

4. 各层横墙很少的房屋，应按增加二层的层数设置构造柱。

2. 构造柱的构造要求

《抗震规范》第7.3.2条对多层砖砌体房屋构造柱应符合的要求作了具体规定，其中构造柱不单独设置基础的处理如图4-13所示。

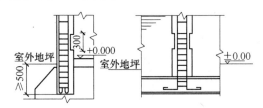

图4-13　构造柱不单独设置基础的处理

7.3.2　多层砖砌体房屋的构造柱应符合下列构造要求：

1 构造柱最小截面可采用180mm×240mm（墙厚190mm时为180mm×190mm），纵向钢筋宜采用4φ12，箍筋间距不宜大于250mm，且在柱上下端应适当加密；6度、7度时超过六层，8度时超过五层和9度时，构造柱纵向钢筋宜采用4φ14，箍筋间距不应大于200mm；房屋四角的构造柱应适当加大截面及配筋。

2. 构造柱与墙连接处应砌成马牙槎，沿墙高每隔500mm设2φ6水平钢筋和φ4分布短筋平面内点焊组成的拉结网片或φ4点焊钢筋网片，每边伸入墙内不宜小于1m。6度、7度时底部1/3楼层，8度时底部1/2楼层，9度时全部楼层，上述拉结钢筋网片应沿墙体水平通长设置。

3. 构造柱与圈梁连接处，构造柱的纵筋应在圈梁纵筋内侧穿过，保证构造柱纵筋上下贯通。

4. 构造柱可不单独设置基础，但应伸入室外地面下500mm，或与埋深小于500mm的基础圈梁相连。

5. 房屋高度和层数接近本规范表7.1.2的限值时，纵、横墙内构造柱间距还应符合下列要求：

（1）横墙内的构造柱间距不宜大于层高的二倍；下部1/3楼层的构造柱间距适当减小。

（2）当外纵墙开间大于3.9m时，应另设加强措施。内纵墙的构造柱间距不宜大于4.2m。

4.4.2　合理布置圈梁

钢筋混凝土圈梁是多层砖砌体房屋有效的抗震措施之一。它可以加强纵、横墙体的连接，增加房屋的整体性；提高楼盖的水平刚度，使局部地震作用能够分配给较多的横墙承担；限制墙体斜裂缝的开展和延伸；可以减轻地震时地基不均匀沉陷对房屋的影响。

（1）《抗震规范》第7.3.3条规定了圈梁的设置部位。

> 7.3.3 多层砖砌体房屋的现浇钢筋混凝土圈梁设置应符合下列要求：
>
> 1. 装配式钢筋混凝土楼、屋盖或木屋盖的砖房，应按表7.3.3的要求设置圈梁；纵墙承重时，抗震横墙上的圈梁间距应比表内要求适当加密。
>
> 表7.3.3 多层砖砌体房屋现浇钢筋混凝土圈梁设置要求
>
> | 墙类 | 烈 度 | | |
> |---|---|---|---|
> | | 6、7 | 8 | 9 |
> | 外墙和内纵墙 | 屋盖处及每层楼盖处 | 屋盖处及每层楼盖处 | 屋盖处及每层楼盖处 |
> | 内横墙 | 同上；屋盖处间距不应大于4.5m；楼盖处间距不应大于7.2m；构造柱对应部位 | 同上；各层所有横墙，且间距不应大于4.5m；构造柱对应部位 | 同上；各层所有横墙 |
>
> 2. 现浇或装配整体式钢筋混凝土楼、屋盖与墙体有可靠连接的房屋，应允许不另设圈梁，但楼板沿抗震墙体周边均应加强配筋并应与相应的构造柱钢筋可靠连接。

（2）《抗震规范》第7.3.4条规定了圈梁的构造要求。

> 7.3.4 多层砖砌体房屋现浇混凝土圈梁的构造应符合下列要求：
>
> 1. 圈梁应闭合，遇有洞口圈梁应上下搭接。圈梁宜与预制板设在同一标高处或紧靠板底。
>
> 2. 圈梁在本规范第7.3.3条要求的间距内无横墙时，应利用梁或板缝中配筋替代圈梁。
>
> 3. 圈梁的截面高度不应小于120mm，配筋应符合表7.3.4的要求；按本规范第3.3.4条第3款要求增设的基础圈梁，截面高度不应小于180mm，配筋不应少于4φ12。
>
> 表7.3.4 多层砖砌体房屋圈梁配筋要求
>
> | 配 筋 | 设防烈度 | | |
> |---|---|---|---|
> | | 6、7 | 8 | 9 |
> | 最小纵筋 | 4φ10 | 4φ12 | 4φ14 |
> | 箍筋最大间距/mm | 250 | 200 | 150 |

4.4.3 加强结构的连接

（1）墙体拉结钢筋在《抗震规范》第7.3.7条有具体要求。

> 7.3.7 6度、7度时长度大于7.2m的大房间，以及8度、9度时外墙转角及内外墙交接处，应沿墙高每隔500mm配置2φ6的通长钢筋和φ4分布短筋平面内点焊组成的拉结网片或φ4点焊网片。

（2）多层砖砌体房屋楼、屋盖的设置要求见《抗震规范》第7.3.5条、第7.3.6条。

7.3.5 多层砖砌体房屋楼、屋盖应符合下列要求：

1. 现浇钢筋混凝土楼板或屋面板伸进纵、横墙内的长度，均不应小于120mm。

2. 装配式钢筋混凝土楼板或屋面板，当圈梁未设在板的同一标高时，板端伸进外墙的长度不应小于120mm，伸进内墙的长度不应小于100mm或采用硬架支模连接，在梁上不应小于80mm或采用硬架支模连接。

3. 当板的跨度大于4.8m并与外墙平行时，靠外墙的预制板侧边应与墙或圈梁拉结。

4. 房屋端部大房间的楼盖，6度时房屋的屋盖和7~9度时房屋的楼、屋盖，当圈梁设在板底时，钢筋混凝土预制板应相互拉结，并应与梁、墙或圈梁拉结。

7.3.6 楼、屋盖的钢筋混凝土梁或屋架应与墙、柱（包括构造柱）或圈梁可靠连接；不得采用独立砖柱。跨度不小于6m大梁的支撑构件应采用组合砌体等加强措施，并满足承载力要求。

4.4.4 重视楼梯间的设计

楼梯间的震害往往较重，而地震时楼梯间又是疏散人员和救灾的要道，因此对其抗震构造措施要给予足够的重视。具体要求见《抗震规范》第7.3.8条。

7.3.8 楼梯间应符合下列要求：

1. 顶层楼梯间墙体应沿墙高每隔500mm设2φ6通长钢筋和φ4分布短筋平面内点焊组成的拉结网片或φ4点焊网片；7~9度时其他各层楼梯间墙体应在休息平台或楼层半高处设置60mm厚、纵向钢筋不应少于2φ10的钢筋混凝土带或配筋砖带，配筋砖带不少于3皮，每皮的配筋不少于2φ6，砂浆强度等级不应低于M7.5且不低于同层墙体的砂浆强度等级。

2. 楼梯间及门厅内墙阳角处的大梁支撑长度不应小于500mm，并应与圈梁连接。

3. 装配式楼梯段应与平台板的梁可靠连接，8度、9度时不应采用装配式楼梯段；不应采用墙中悬挑式踏步或踏步竖肋插入墙体的楼梯，不应采用无筋砖砌栏板。

4. 突出屋顶的楼、电梯间，构造柱应伸到顶部，并与顶部圈梁连接，所有墙体应沿墙高每隔500mm设2φ6通长钢筋和φ4分布短筋平面内点焊组成的拉结网片或φ4点焊网片。

4.4.5 其他构造要求

（1）《抗震规范》第7.3.10条规定了过梁的具体抗震构造要求。

7.3.10 门窗洞处不应采用砖过梁；过梁支撑长度，6~8度时不应小于240mm，9度时不应小于360mm。

（2）《抗震规范》第7.3.11条规定了阳台的具体抗震构造要求。

7.3.11 预制阳台，6度、7度时应与圈梁和楼板的现浇板带可靠连接，8度、9度时不应采用预制阳台。

（3）《抗震规范》第 13.3.3 条规定了后砌的非承重隔墙、烟道、风道、垃圾道等的抗震构造要求。

13.3.3　多层砌体结构中，非承重墙体等建筑非结构构件应符合下列要求：

1. 后砌的非承重隔墙应沿墙高每隔 500～600mm 配置 2 ϕ 6 拉结钢筋与承重墙或柱拉结，每边深入墙内不应少于 500mm；8 度和 9 度时，长度大于 5m 的后砌隔墙，墙顶还应与楼板或梁拉结，独立墙肢端部及大门洞边宜设置钢筋混凝土构造柱。

2. 烟道、风道、垃圾道等不应削弱墙体；当墙体被削弱时，应对墙体采取加强措施；不宜采用无竖向配筋的附墙烟囱或出屋面的烟囱。

3. 不应采用无锚固的钢筋混凝土预制挑檐。

4.5　多层砖砌体房屋抗震设计实例

某五层办公楼的平面和剖面尺寸如图 4-14 所示。采用装配式梁板结构，梁截面尺寸为 200mm×500mm。横墙承重，楼梯间上面设屋顶间（图 4-14c），一层墙厚均为 370mm，二层以上墙厚均为 240mm，墙均为双面粉刷（室内外高差 0.3m）。砖的强度等级为 MU10，砂浆的强度等级为 M5。抗震设防烈度为 7 度，设计基本地震加速度值为 0.10g，设计地震分组为第一组，Ⅱ类场地。试进行抗震构造措施设计并验算该办公楼的抗震承载能力。

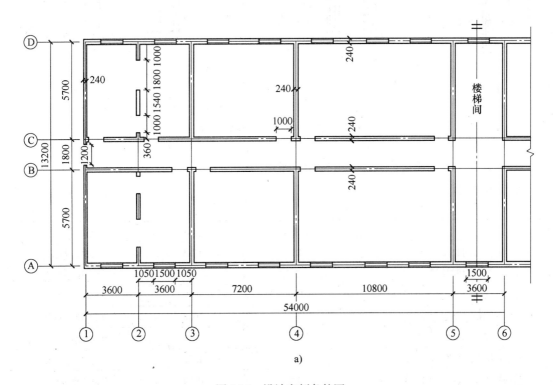

a)

图 4-14　设计实例条件图

a）办公楼平面图

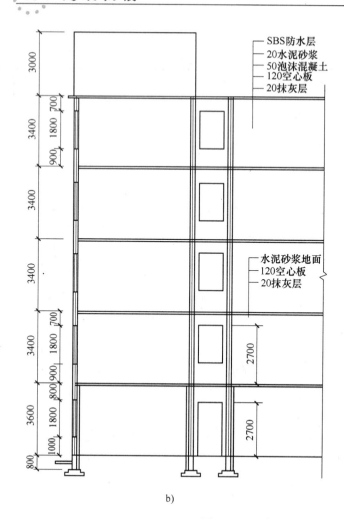

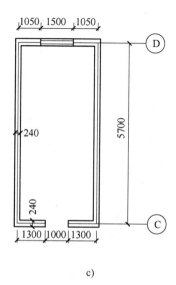

b)

c)

图 4-14　设计实例条件图（续）

b）办公楼剖面图　c）屋顶间平面图

设计步骤：

1. 检查是否满足抗震设计的一般构造规定

构造尺寸检查见表4-3。

表 4-3　构造尺寸检查

项　　目	规范规定值	实际值	结　　论
房屋总高度/m	21	17.5	符合规范要求
房屋总层数	7	5	符合规范要求
房屋高宽比	2.5	1.2	符合规范要求
抗震横墙最大间距/m	11	10.8	符合规范要求
承重窗间墙最小宽度/m	1.0	2.1	符合规范要求
非承重外墙尽端至门窗洞边最小距离/m	1.0	1.02	符合规范要求
内墙阳角至门窗洞边最小距离/m	1.0	0.72	不符合规范要求
无锚固女儿墙的最大高度/m	0.5	0	符合规范要求

2. 构造柱与圈梁的布置

（1）构造柱设置。本工程为 7 度设防的五层砖混结构办公楼，根据《抗震规范》第 7.3.1 条要求，因该五层办公楼属横墙很少的房屋，故应按增加二层考虑设置构造柱，按 7 层设置。按《抗震规范》第 7.3.1 条表 7.3.1 要求，在外墙四角和对应转角，楼、电梯间四角，楼梯斜梯段上下端对应的墙体处设 8 根；大房间内外墙交接处、较大洞口两侧、内墙与外墙交接处、内墙的局部较小墙垛处、内纵墙与横墙交接处（轴线）共设 44 根。

另外，按《抗震规范》第 7.3.2 条第 5 项要求，在纵墙上增设 12 根构造柱。其余部位构造柱的设置应满足《抗震规范》的要求。

构造柱尺寸为 240mm×240mm，纵向钢筋采用 4 Φ12，箍筋采用 Φ6@250mm。

（2）圈梁设置。本工程为装配式钢筋混凝土楼层盖，按 7 度设防，根据《抗震规范》第 7.3.3 条要求，屋盖处及每层楼盖处均应设置圈梁，屋盖处间距不应大于 4.5m；楼盖处间距不应大于 7.2m。此外，构造柱对应部位要考虑设圈梁。对大房间，按《抗震规范》第 7.3.4 条要求，应利用梁或板缝中的配筋替代圈梁。

3. 重力荷载代表值的计算

（1）荷载清理

1）屋面荷载

SBS 防水层	0.35kN/m²
20mm 水泥砂浆找平层	0.4kN/m²
50mm 泡沫混凝土	0.25kN/m²
120mm 空心楼板	2.2kN/m²
顶棚抹灰	0.34kN/m²
屋面恒荷载	3.54kN/m²
屋面活荷载（雪荷载）	0.3kN/m²

屋面重力荷载代表值取恒荷载和雪荷载，雪荷载组合系数为 0.5，则屋面重力荷载代表值为

$$(3.54 + 0.3 \times 0.5)\text{kN/m}^2 = 3.69\text{kN/m}^2$$

2）楼面荷载

水泥砂浆地面	0.4kN/m²
120mm 空心楼板	2.2kN/m²
顶棚抹灰	0.34kN/m²
楼面恒荷载	2.94kN/m²
楼面活荷载	2kN/m²

楼面活荷载组合系数为 0.5，则楼面重力荷载代表值为

$$(2.94 + 2 \times 0.5)\text{kN/m}^2 = 3.94\text{kN/m}^2$$

3）楼板梁自重（每层）

$$0.2 \times 0.5 \times 5.94 \times 25 \times 12\text{N} = 178.2\text{kN}$$

4）墙体自重

双面粉刷的 240mm 厚砖墙自重为 5.24kN/m²

双面粉刷的 370mm 厚砖墙自重为 7.62kN/m²

（2）荷载计算

1）屋顶间重力荷载代表值

屋顶间屋盖重

$$5.7 \times 3.6 \times 3.69kN = 76kN$$

屋顶间墙重

$$(5.7 + 0.24) \times 3 \times 5.24 \times 2kN + [(3.6 - 0.24) \times 3 \times 2 - 1 \times 2.7 - 1.5 \times 1.8] \times 5.24kN = 264kN$$

屋面层总重

$$[(54 + 1.0)(13.2 + 1.0) - 5.7 \times 3.6] \times 3.69kN + 5.7 \times 3.6 \times 3.94kN + 178.2kN = 3065kN$$

屋顶间重力荷载代表值 G_6

$$G_6 = 76kN + \frac{1}{2} \times 264kN = 208kN$$

2）二～五层重力荷载代表值

楼盖层总重

$$54 \times 13.2 \times 3.94kN + 178.2kN = 2987kN$$

二～五层山墙重

$$[(13.2 - 0.24) \times 3.4 - 1.2 \times 1.8] \times 5.24 \times 2kN = 439kN$$

二～五层横墙重

$$[(5.7 - 0.24) \times 3.4 \times 16 - (1 \times 2.7 + 1.2 \times 1.8) \times 4] \times 5.24kN = 1455kN$$

二～五层外纵墙重

$$[(54 + 0.24) \times 3.4 - 1.5 \times 1.8 \times 15] \times 5.24 \times 2kN = 1508kN$$

二～五层内纵墙重

$$[(54 + 0.24) \times 3.4 - 1 \times 2.7 \times 9 - (3.6 - 0.24) \times (3.4 - 0.3)] \times 5.24 \times 2 = 1569kN$$

各楼层重力荷载代表值 G_i，取各楼层屋面荷载总重加上下层墙体重量的一半，则各楼层重力荷载代表值为

$$G_5 = \left[3065 + \frac{1}{2} \times 264 + \frac{1}{2}(439 + 1455 + 1508 + 1569)\right]kN = 5688kN$$

$$G_4 = G_3 = G_2 = 2987kN + 4971kN = 7958kN$$

3）一层重力荷载代表值

一层山墙重

$$[(13.2 - 0.5) \times 4.4 - 1.2 \times 2.7] \times 7.62 \times 2kN = 802kN$$

一层横墙重

$$[(5.7 - 0.5) \times 4.4 \times 16 - (1 \times 2.7 + 1.2 \times 1.8) \times 4] \times 7.62kN = 2641kN$$

一层外纵墙重

$$[(54 + 0.24) \times 4.4 - 1.5 \times 1.8 \times 14 - 1.5 \times 2.7] \times 7.62 \times 2kN = 2999kN$$

一层内纵墙重

$$[(54+0.24)\times4.4-9\times1.0\times2.7-(3.6-0.37)\times(4.4-0.3)]\times7.62\times2kN=3065kN$$

$$G_1=\left[2987+\frac{1}{2}\times4971+\frac{1}{2}\times(802+2641+2999+3065)\right]kN=10226kN$$

总重力荷载代表值

$$G=\sum G_i=10226kN+3\times7958kN+5688kN+208kN=39996kN$$

4. 水平地震作用

底层总剪力的标准值：$F_{EK}=\alpha_1 G_{eq}=0.08\times0.85\times39991kN=2719kN$

对于多层砌体房屋，α_1 取水平地震影响系数最大值 0.08，则各楼层的水平地震作用力和各楼层地震剪力的标准值见表 4-4。

表 4-4 楼层水平地震剪力计算

层次 \ 分项	G_i/kN	H_i/m	G_iH_i	$\dfrac{H_iG_i}{\sum\limits_{j=1}^{n}H_jG_j}$	$F_i=\dfrac{H_iG_i}{\sum\limits_{j=1}^{n}H_jG_j}F_{EK}/kN$	$V_{ik}=\sum\limits_{i=1}^{n}F_i/kN$
屋顶间	208	21.0	4368	0.0104	28	84
5	5688	18.0	102384	0.244	663	691
4	7958	14.6	116187	0.278	756	1447
3	7958	11.2	89130	0.213	579	2026
2	7958	7.8	62072	0.148	402	2428
1	10226	4.4	44994	0.107	291	2719
Σ	39996	—	419045	—	2719	—

注：局部突出的屋顶间，其地震效应宜增大 3 倍。

各层水平地震作用、楼层标准剪力图如图 4-15 所示。

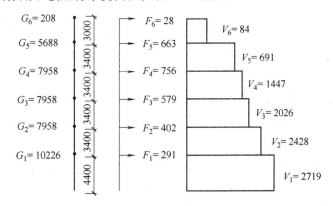

图 4-15 各层水平地震作用、楼层标准剪力图

5. 抗震承载力验算

地震剪力标准值 V_{ik} 乘以作用分项系数 γ_{Eh} 就是作用于楼层的剪力设计值 V_i，求得 V_i 后即可进行楼层各道墙体地震剪力设计值的分配，并按 $V\leqslant\dfrac{f_{vE}A}{\gamma_{RE}}$ 进行墙体截面抗震抗剪能力的

验算。

（1）屋顶间墙体抗震抗剪承载力验算。屋顶间是地震作用较强烈的部位，应首先验算屋顶间的墙体。屋顶间的水平地震作用效应为 $V_6 = 1.3 \times 84\text{kN} = 109\text{kN}$，从屋顶间平面图（图4-14c）中可以看出，如果Ⓒ、Ⓓ轴线墙能满足要求，则⑤、⑥轴线墙就一定满足，因此只验算Ⓒ、Ⓓ轴线墙体。

1）屋顶间墙体剪力设计值。屋顶间是由小块楼板组成的，属于中等刚性楼盖，剪力分配按下式计算

$$V_{6C} = \frac{1}{2}\left(\frac{A_{6C}}{A_6} + \frac{1}{2}\right)V_6$$

$$V_{6D} = \frac{1}{2}\left(\frac{A_{6D}}{A_6} + \frac{1}{2}\right)V_6$$

式中
$$A_{6C} = (3.6 + 0.24 - 1.0) \times 0.24\text{m}^2 = 0.68\text{m}^2$$
$$A_{6D} = (3.6 + 0.24 - 1.5) \times 0.24\text{m}^2 = 0.56\text{m}^2$$
$$A_{6C} = (0.68 + 0.56)\text{m}^2 = 1.24\text{m}^2$$

代入 V_{6C}、V_{6D} 计算式中，得

$$V_{6C} = \frac{1}{2}\left(\frac{A_{6C}}{A_6} + \frac{1}{2}\right)V_6 = \frac{1}{2}\left(\frac{0.68}{1.24} + \frac{1}{2}\right) \times 109\text{kN} = 57\text{kN}$$

$$V_{6D} = \frac{1}{2}\left(\frac{A_{6D}}{A_6} + \frac{1}{2}\right)V_6 = \frac{1}{2}\left(\frac{0.56}{1.24} + \frac{1}{2}\right) \times 109\text{kN} = 52\text{kN}$$

2）屋顶间 σ_0（屋顶间半层高处的墙体的平均应力）的计算。由于Ⓒ、Ⓓ轴线墙上开洞位置对称，Ⓒ、Ⓓ轴线墙段上的剪力可不再进行分配，而取整道墙验算。图4-16给出了Ⓒ轴线墙的立面图，由于该墙为自承重墙，在层高半高处的平均压应力 σ_0 仅由墙自重引起，即

$$\sigma_0 = \frac{(3.82 \times 1.5 - 1.0 \times 1.2) \times 5.24}{(3.82 - 1.0) \times 0.24}\text{kN/m}^2 = 35\text{kN/m}^2$$

同理可算得Ⓓ轴线墙体的平均压应力为 $\sigma_0 = 43\text{kN/m}^2$。

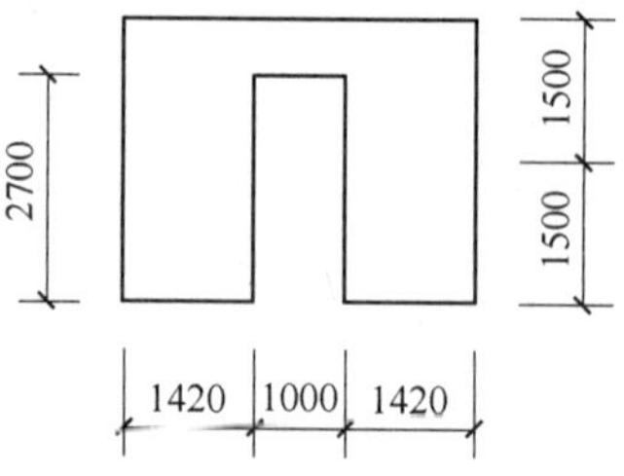

图 4-16　Ⓒ轴线墙的立面图

3）屋顶间墙体抗震抗剪强度设计值见表4-5。$f_{vE} = \zeta_N f_v$，查出 ζ_N，为此需先求出 $\dfrac{\sigma_0}{f_v}$；查得砂浆强度等级为M5的砖砌体的抗剪设计强度 $f_v = 0.11\text{N/mm}^2$。

表 4-5　屋顶间墙体抗震抗剪强度设计值

轴 线	$\dfrac{\sigma_0}{f_v}$	ζ_N	$f_{vE} = \zeta_N f_v / (\text{N/mm}^2)$
C	$\dfrac{0.035}{0.11} = 0.32$	$0.80 + (0.99 - 0.8) \times \dfrac{0.32}{1.0} = 0.86$	$0.86 \times 0.11\text{N/mm}^2 = 0.095\text{N/mm}^2$
D	$\dfrac{0.043}{0.11} = 0.39$	$0.80 + 0.19 \times \dfrac{0.39}{1.0} = 0.88$	$0.88 \times 0.11\text{N/mm}^2 = 0.0968\text{N/mm}^2$

4）屋顶间墙体截面抗震抗剪承载力验算见表4-6。

表4-6 屋顶间墙体截面抗震抗剪承载力验算

轴线	$f_{vE}/$（N/mm²）	A/m²	$\dfrac{f_{vE}A}{\gamma_{RE}}$/kN	V/kN	验算结论
ⓒ	0.0957	0.68	$\dfrac{0.0957\times10^3\times0.68}{0.75}$kN = 86.76kN	57kN	满足要求
ⓓ	0.0968	0.56	$\dfrac{0.0968\times10^3\times0.56}{0.75}$kN = 72.27kN	52kN	满足要求

注：ⓒ、ⓓ两轴线都是自承重墙，抗震调整系数 $\gamma_{Eh} = 0.75$。

（2）第二层墙体强度验算。由于一层墙厚370mm，二层墙厚240mm，它们的面积比是1.5:1，而一层设计剪力 $V_1 = 1.3\times2719$kN = 3535kN，二层设计剪力 $V_2 = 1.3\times2428$kN = 3156.4kN，相应的一层与二层的设计剪力比为 1.12:1，因此可以断定，如二层达到抗震承载力要求，一层就一定能达到，故只需要进行二层横墙的验算。楼层设计剪力在各道横墙上分配，在中等刚性楼盖条件下分配剪力时，以横墙体的截面面积和墙体的荷载面积的平均值为分配系数，如果各道横墙的截面大体相同，则最大的从属横墙分担的剪力也最大，该道横墙就是危险墙体。

在本例中⑤轴线墙承担的荷载面积最大，它是首先要验算的墙；其次是②轴线墙，由于开洞较多，截面削弱较多，也要验算，而且需验算②轴线墙的各墙段；最后进行二层纵墙强度验算。

1）首先进行第二层⑤轴线墙体抗震验算。

①第二层⑤轴线墙体承担的地震剪力：

第二层⑤轴线墙体横截面面积

$$A_{25} = (5.7 + 0.24)\times0.24\times2\text{m}^2 = 2.85\text{m}^2$$

$$A_2 = [2.85\times6 + (13.44 - 1.2)\times0.24\times2 + (5.94 - 1.0 - 1.8)\times0.24\times4]\text{m}^2 = 26\text{m}^2$$

第二层⑤轴线墙体负荷面积

$$F_{25} = 13.2\times(1.8 + 5.4)\text{m}^2 = 95.04\text{m}^2$$

$$F_2 = 13.2\times54\text{m}^2 = 712.8\text{m}^2$$

代入公式得

$$V_{ij} = \frac{1}{2}\left(\frac{A_{ij}}{A_i} + \frac{F_{ij}}{F_i}\right)V_i = \frac{1}{2}\times\left(\frac{2.85}{26} + \frac{95.04}{712.8}\right)\times3156\text{kN} = 383\text{kN}$$

②第二层⑤轴线墙体抗震抗剪强度验算。为了求得 σ_0，应先求出二层⑤轴线横墙中间高度上每米长度的竖向荷载

$$N = 3.69\times3.6\text{kN} + 3.94\times3.6\times3\text{kN} + 5.24\times3.4\times\left(3 + \frac{1}{2}\right)\text{kN} = 118.192\text{kN/m}$$

则

$$\sigma_0 = \frac{118.192\times10^3}{0.24\times1.0\times10^6}\text{N/mm}^2 = 0.492\text{N/mm}^2；\frac{\sigma_0}{f_v} = \frac{0.492}{0.11} = 4.47$$

查表 $\zeta_N = 1.25 + (4.47 - 3) \times \dfrac{(1.47 - 1.25)}{(5 - 3)} = 1.41$；$f_{vE} = 1.41 \times 0.11\,\text{N/mm}^2 = 0.155\,\text{N/mm}^2$

③第二层⑤轴线墙体抗震抗剪承载力强度验算。由于走廊一侧墙段只有一端有构造柱，抗震调整系数 $\gamma_{RE} = 1.0$，则该墙段的抗力为

$$\frac{0.155 \times 10^3 \times 2.85}{1.0}\,\text{kN} = 443\,\text{kN} > 383\,\text{kN}，满足要求。$$

2）其次进行第二层②轴线墙体抗震验算。第二层②轴线墙体在走廊两侧是一样的，故可以只计算走廊一侧的墙，图4-17 墙体开洞示意图给出了②轴线走廊一侧墙的立面图，门窗把墙分成了 a、b、c 三段计算。

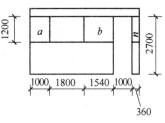

图 4-17　墙体开洞示意图

①根据墙段计取高度的规定，各段墙的高宽比分别为：

a 段：$1 < \dfrac{h}{b} = \dfrac{1.2}{1.0} = 1.2 < 4$，属于剪弯型。

b 段：$1 > \dfrac{h}{b} = \dfrac{1.2}{1.54} = 0.78$，属于剪切型。

c 段：$\dfrac{h}{b} = \dfrac{2.7}{0.36} = 7.5 > 4$，属于弯曲型，不考虑它的刚度。

利用公式，求出 a、b 两段的刚度

$$K_a = \frac{Et}{1.2 \times (1.2^2 + 3)} = 0.187Et$$

$$K_b = \frac{Et}{3 \times 0.78} = 0.427Et$$

②第二层②轴线墙体走廊一侧墙分配到的设计剪力计算如下

$$A_{22} = (5.94 - 1.0 - 1.8) \times 0.24 \times 2\,\text{m}^2 = 1.51\,\text{m}^2$$

$$A_2 = [2.85 \times 6 + (13.44 - 1.2) \times 0.24 \times 2 + (5.94 - 1.0 - 1.8) \times 0.24 \times 4]\,\text{m}^2 = 26\,\text{m}^2$$

$$F_{25} = 13.2 \times 3.6\,\text{m}^2 = 47.52\,\text{m}^2$$

$$F_2 = 13.2 \times 54\,\text{m}^2 = 712.8\,\text{m}^2$$

$$V_{ij} = \frac{1}{2}\left(\frac{A_{ij}}{A_i} + \frac{F_{ij}}{F_i}\right)V_i = \frac{1}{2}\left(\frac{1.51}{26} + \frac{47.52}{712.8}\right) \times 3156 \times \frac{1}{2}\,\text{kN} = 98.4\,\text{kN}$$

a、b 墙段的剪力为

$$V_{2a} = \frac{0.187Et}{0.187Et + 0.427Et} \times 98.4 = 30\,\text{kN}$$

$$V_{2ba} = \frac{0.427Et}{0.187Et + 0.427Et} \times 98.4 = 68.4\,\text{kN}$$

③第二层②轴线墙体抗震抗剪强度验算。a 段墙体的 σ_0 除担负自身1m宽的荷载外，还要担负门窗洞口部分各一半的竖向荷载

$$N = 3.69 \times 3.6 \text{kN} + 3.94 \times 3.6 \times 3 \text{kN} + 5.24 \times (3.4 \times 5.94 -$$

$$1.2 \times 1.8 - 1.0 \times 2.7)/5.94 \times \left(3 + \frac{1}{2}\right) \text{kN}$$

$$= 103.2 \text{kN}$$

$$\sigma_a = \frac{103200}{0.24 \times 1.0 \times 10^6} \times \frac{1 + 0.9}{1.0} \text{N/mm}^2 = 0.82 \text{N/mm}^2$$

$$\sigma_b = \frac{103200}{0.24 \times 1.0 \times 10^6} \times \frac{1.54 + 0.9 + 0.5}{1.54} \text{N/mm}^2 = 0.82 \text{N/mm}^2$$

于是 a、b 两段墙的 $\dfrac{\sigma_0}{f_v} = 0.82/0.11 = 7.45$，得

$$\zeta_N = 1.65 + \frac{0.45}{3} \times 0.25 = 1.69$$

$$f_{vE} = 1.69 \times 0.11 \text{N/mm}^2 = 0.186 \text{N/mm}^2$$

④第二层②轴线墙体抗震抗剪承载力验算。代入式(7.2.7-1)，得

a 段墙：$\dfrac{0.186 \times 10^3 \times 1.0 \times 0.24}{1.0} \text{kN} = 44.6 \text{kN} > 30 \text{kN}$，满足强度要求。

b 段墙：$\dfrac{0.186 \times 10^3 \times 1.54 \times 0.24}{1.0} \text{kN} = 68.7 \text{kN} > 68.4 \text{kN}$，满足强度要求。

3）最后进行二层纵墙强度验算。由于内外纵墙都是240mm，而外墙开洞较多，Ⓐ、Ⓓ两道外纵墙开洞相同，所以可只验算Ⓐ轴线墙。

①第二层Ⓐ轴线墙体承担的地震剪力

$$A_{2A} = (54.24 - 1.5 \times 15) \times 0.24 \text{m}^2 = 7.62 \text{m}^2$$

$$A_2 = 7.62 \times 2 \text{m}^2 + (54.24 - 1.0 \times 8 - 3.36) \times 0.24 \times 2 \text{m}^2 = 35.82 \text{m}^2$$

由于楼板在纵向刚度很大，一般都按刚性楼盖考虑，墙间剪力按墙体面积分配，即

$$V_{2A} = \frac{7.62}{35.82} \times 3156 \text{kN} = 671 \text{kN}$$

②第二层Ⓐ轴线墙体抗震抗剪强度验算。Ⓐ轴线有些墙段承重，有些墙段不承重，取各段竖向压应力的平均值

$$N = (54.24 \times 3.4 - 15 \times 1.5 \times 1.8) \times 5.24 \times \left(3 + \frac{1}{2}\right) \text{kN} + 3.6 \times 5.7 \times 3.69 \times \frac{1}{2} \times 6 \text{kN} +$$

$$3.6 \times 5.7 \times 3.94 \times \frac{1}{2} \times 6 \times 3 \text{kN} + 178.2 \times \frac{1}{4} \times 4 \text{kN}$$

$$= 3772 \text{kN}$$

$$\sigma_0 = \frac{3772}{7.62 \times 10^3} \text{N/mm}^2 = 0.495 \text{N/mm}^2$$

$\dfrac{\sigma_0}{f_v} = \dfrac{0.495}{0.11} = 4.45$，查表得 $\zeta_N = 1.25 + \dfrac{1.45}{2} \times 0.22 = 1.41$

于是 $f_{vE} = 1.41 \times 0.11 \text{N/mm}^2 = 0.155 \text{N/mm}^2$

③第二层Ⓐ轴线的抗震抗剪承载力为

$$\frac{0.155 \times 10^3 \times 7.62}{0.9} kN = 1312kN > 671kN$$

该道纵墙满足强度要求(式中分母的 0.9 是因外墙两端有构造柱),Ⓑ、Ⓒ墙段的有效截面都比Ⓐ墙段要大,显然满足。

4.6　底部框架-抗震墙砌体房屋设计

4.6.1　概述

底部框架砌体房屋主要指结构底层或底部两层采用钢筋混凝土框架的多层砌体房屋。这类结构类型主要用于底部需要大空间,而上面各层可采用较多纵、横墙的房屋,如底层设置商店、餐厅的多层住宅、旅馆、办公楼等建筑。

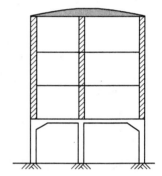

图 4-18 为底层框架-抗震墙砌体房屋示意图,与底部框架-抗震墙相邻的上一层砌体楼层称为过渡层,在地震时该处破坏较重。这类房屋因底部刚度小,上部刚度大,竖向刚度急剧变化,故抗震性能较差。地震时往往在底部出现变形集中,产生过大侧移而严重破坏,甚至倒塌。为了防止底部因变形集中而发生严重的震害,在抗震设计中必须在结构底部加设抗震墙,不得采用纯框架布置。

图 4-18　底层框架-抗震墙砌体房屋示意图

底部框架-抗震墙砌体房屋的结构布置,《抗震规范》第 7.1.8 条规定如下:

7.1.8　底部框架-抗震墙砌体房屋的结构布置,应符合下列要求:

1. 上部的砌体墙体与底部的框架梁或抗震墙,除楼梯间附近的个别墙段外均应对齐。

2. 房屋的底部,应沿纵、横两方向设置一定数量的抗震墙,并应均匀对称布置。6 度且总层数不超过四层的底层框架-抗震墙砌体房屋,应允许采用嵌砌于框架之间的约束普通砖砌体或小砌块砌体的砌体抗震墙,但应计入砌体墙对框架的附加轴力和附加剪力并进行底层的抗震验算,且同一方向不应同时采用钢筋混凝土抗震墙和约束砌体抗震墙;其余情况,8 度时应采用钢筋混凝土抗震墙,6 度、7 度时应采用钢筋混凝土抗震墙或配筋小砌块砌体抗震墙。

3. 底层框架-抗震墙砌体房屋的纵、横两个方向,第二层计入构造柱影响的侧向刚度与底层侧向刚度的比值,6 度、7 度时不应大于 2.5,8 度时不应大于 2.0,且均不应小于 1.0。

4. 底部两层框架-抗震墙砌体房屋纵、横两个方向,底层与底部第二层的侧向刚度应接近,第三层计入构造柱影响的侧向刚度与底部第二层侧向刚度的比值,6 度、7 度时不应大于 2.0,8 度时不应大于 1.5,且均不应小于 1.0。

5. 底部框架-抗震墙砌体房屋的抗震墙应设置条形基础、筏形基础等整体性好的基础。

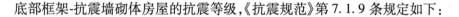

底部框架-抗震墙砌体房屋的抗震等级,《抗震规范》第 7.1.9 条规定如下:

> 7.1.9 底部框架-抗震墙砌体房屋的钢筋混凝土结构部分,底部混凝土框架的抗震等级,6 度、7 度、8 度应分别按三、二、一级采用;混凝土墙体的抗震等级,6 度、7 度、8 度应分别按三、三、二级采用。

4.6.2 底部框架-抗震墙房屋抗震计算

底部框架砌体房屋的抗震计算可采用底部剪力法。计算中取地震影响系数 $\alpha_1 = \alpha_{\max}$,顶部附加地震影响系数 $\delta_n = 0$。为了减轻底部的薄弱程度,《抗震规范》第 7.2.4 条规定对底部框架-抗震墙砌体房屋的地震作用效应,应按下列规定调整:

> 7.2.4 底部框架-抗震墙砌体房屋的地震作用效应,应按下列规定调整:
> 1. 对底层框架-抗震墙砌体房屋,底层的纵向和横向地震剪力设计值均应乘以增大系数;其值应允许在 1.2~1.5 范围内选用,第二层与底层侧向刚度比大者应取大值。
> 2. 对底部两层框架-抗震墙砌体房屋,底层和第二层的纵向与横向地震剪力设计值也均应乘以增大系数;其值应允许在 1.2~1.5 范围内选用,第三层与第二层侧向刚度比大者应取大值。
> 3. 底层或底部两层的纵向和横向地震剪力设计值应全部由该方向的抗震墙承担,并按各墙体的侧向刚度比例分配。

根据《抗震规范》第 7.2.4 条可知,底层框架砌体房屋的底层地震剪力设计值应取由底部剪力法所得的底层地震剪力乘以增大系数,即

$$V_1 = \xi \alpha_{\max} G_{eq} \tag{4-19}$$

式中 ξ——增大系数,与第二层和底层侧向刚度之比 γ 有关,可取 $\xi = \sqrt{\gamma}$。

当 $\xi < 1.2$ 时,取 $\xi = 1.2$;当 $\xi > 1.5$ 时,取 $\xi = 1.5$。同理,对于底部两层框架房屋的底层与第二层,其纵向和横向地震剪力设计值也均应乘以增大系数 ξ。

底部框架中框架柱与抗震墙的设计,可按两道防线的思想进行设计,即在结构的弹性阶段,不考虑框架柱的抗剪贡献,而由抗震墙承担全部纵、横方向的地震剪力。在结构进入弹塑性阶段,考虑到抗震墙的损伤,由抗震墙和框架柱共同承担地震剪力。根据试验研究结果,钢筋混凝土抗震墙开裂后的刚度约为初始弹性刚度的30%,而砖抗震墙则约为20%。据此可确定框架柱所承担的地震剪力为

$$V_c = \frac{K_c}{0.3 \sum K_{wc} + 0.2 \sum K_{wm} + \sum K_c} V_1 \tag{4-20}$$

式中 K_{wc}、K_{wm}、K_c——分别为一片混凝土抗震墙、一片砖抗震墙、一个钢筋混凝土框架柱的侧向刚度。

$$K_w = \frac{1}{\dfrac{1.2h}{GA_w} + \dfrac{h^3}{3EI_w}} \tag{4-21}$$

式中 h——由基础顶面算起的底层高度;

G——材料的剪切模量,对混凝土取 $G=0.43E$,砖砌体取 $G=0.4E$;

E——混凝土或砖砌体的弹性模量;

A_w——工字形截面的轴线间腹板水平截面面积,对于矩形截面,等于全部水平截面面积;

I_w——抗震墙水平截面(包括柱)的惯性矩。

$$K_c = \frac{12E_c I_c}{H_1^3} \qquad (4\text{-}22)$$

式中　H_1——由基础顶面算起的柱高;

K_c、I_c——分别为单柱的侧向刚度和截面惯性矩;

E_c——混凝土的弹性模量。

此外,框架柱的设计还需考虑地震倾覆力矩引起的附加轴力(图 4-19)。作用于整个房屋底层的地震倾覆力矩为

$$M_1 = \sum_{i=2}^{n} F_i (H_i - H_1) \qquad (4\text{-}23)$$

每榀框架所承担的地震倾覆力矩,可近似按底层抗震墙和框架的有效侧向刚度比例分配。

一片抗震墙承担的地震倾覆力矩为

$$M_w = \frac{K_w}{\sum K_w + \sum K_c} M_1 \qquad (4\text{-}24)$$

一榀框架承担的地震倾覆力矩为

$$M_f = \frac{K_c}{\sum K_w + \sum K_c} M_1 \qquad (4\text{-}25)$$

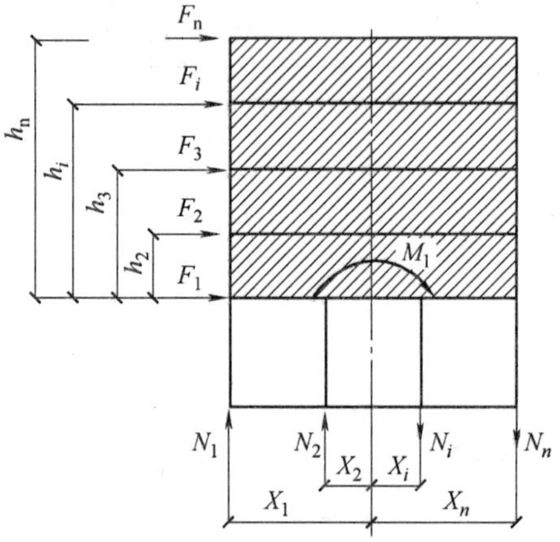

图 4-19　底层框架地震
倾覆力矩计算图

地震倾覆力矩 M_f 在框架中产生的附加轴力为

$$N_{ci} = \pm \frac{A_i x_i}{\sum A_i x_i^2} M_f \qquad (4\text{-}26)$$

底部框架砌体框架层以上结构的抗震计算与多层砌体房屋相同。

例 4-4　将例 4-1 中的砖砌体房屋改为底层框架房屋,上部各层均不变,底层平面改动如下:撤除底层②、③、⑥、⑧轴线上的横墙;在Ⓑ、Ⓒ轴线的山墙上加开洞口,尺寸为 1.8m×2.5m;在各轴线交点上设置框架柱,柱截面尺寸为 400mm×400mm;混凝土强度等级为 C20。试求底层横向设计地震剪力和框架柱所承担的地震剪力。

【解】　(1)计算二层与底层的侧向刚度比。底层框架柱单元的侧向刚度(近似按两端完全嵌固计算)

$$K_c = \frac{12EI}{H^3} = \frac{12 \times 2.55 \times 10^7 \times 0.4^4/12}{3.6^3} \text{kN/m} = 13992 \text{kN/m}$$

单片砖抗震墙的侧向刚度(不考虑带洞墙体):

①、⑨轴线上

$$K_{wm,1} = \frac{GA}{1.2H} = \frac{0.4 \times 1500 \times 1.58 \times 10^3 \times 1.97}{1.2 \times 3.6} \text{kN/m} = 4.32 \times 10^5 \text{kN/m}$$

④、⑤轴线上

$$K_{wm,2} = \frac{GA}{1.2H} = \frac{0.4 \times 1500 \times 1.58 \times 10^3 \times 1.31}{1.2 \times 3.6} kN/m = 2.87 \times 10^5 kN/m$$

故底层横向抗侧向刚度为

$$K_1 = 36 \times K_c + 4 \times (K_{wm,1} + K_{wm,2}) = 3.38 \times 10^6 kN/m$$

二层侧向刚度为

$$K_2 = \frac{G \sum A_i}{1.2H} = \frac{0.4 \times 1500 \times 1.58 \times 10^3 \times 21.99}{1.2 \times 3.6} kN/m = 4.83 \times 10^6 kN/m$$

$$\gamma_2 = \frac{K_2}{K_1} = 1.43$$

（2）求底层横向设计地震剪力。结构底层作出题设变动后

$$G_1 = 4531 kN$$

$$G = 17321 kN$$

故 $V_1 = \sqrt{\gamma} \alpha_{max} G_{eq} = 1.2 \times 0.08 \times 0.85 \times 17321 kN = 1413.4 kN$

（3）计算框架柱所承担的地震剪力

$$V_c = \frac{K_c}{0.2 \sum K_{wm} + \sum K_c} V_1 = \frac{13992 \times 1413.4}{0.2 \times 2.88 \times 10^6 + 5.04 \times 10^5} kN = 18.3 kN$$

4.6.3　抗震构造措施

底部框架砌体房屋的上部结构的构造措施与一般多层砌体房屋相同。

1. 底部框架-抗震墙砌体房屋的材料强度等级要求

底部框架-抗震墙砌体房屋的材料强度等级要求见《抗震规范》第 7.5.9 条。

7.5.9　底部框架-抗震墙砌体房屋的材料强度等级，应符合下列要求：

1. 框架柱、混凝土墙和托墙梁的混凝土强度等级，不应低于 C30。

2. 过渡层砌体块材的强度等级不应低于 MU10，砖砌体砌筑砂浆强度的等级不应低于 M10，砌块砌体砌筑砂浆强度的等级不应低于 Mb10。

---

2. 底部框架-抗震墙砌体房屋的楼盖要求

底部框架应采用现浇或现浇柱、预制梁结构，并宜双向刚性连接。《抗震规范》第 7.5.7 条对底部框架-抗震墙砌体房屋的楼盖要求如下：

7.5.7　底部框架-抗震墙砌体房屋的楼盖应符合下列规定：

1. 过渡层的底板应采用现浇钢筋混凝土板，板厚不应小于 120mm；并应少开洞、开小洞，当洞口尺寸大于 800mm 时，洞口周边应设置边梁。

2. 其他楼层，采用装配式钢筋混凝土楼板时均应设现浇圈梁；采用现浇钢筋混凝土楼板时应允许不另设圈梁，但楼板沿抗震墙体周边均应加强配筋并应与相应的构造柱可靠连接。

---

3. 底部框架-抗震墙砌体房屋的钢筋混凝土托墙梁构造要求

底部框架-抗震墙砌体房屋的钢筋混凝土托墙梁构造要求见《抗震规范》第 7.5.8 条。

7.5.8　底部框架-抗震墙砌体房屋的钢筋混凝土托墙梁，其截面和构造应符合下列要求：

1. 梁的截面宽度不应小于300mm，梁的截面高度不应小于跨度的1/10。

2. 箍筋的直径不应小于8mm，间距不应大于200mm；梁端在1.5倍梁高且不小于1/5梁净跨范围内，以及上部墙体的洞口处和洞口两侧各500mm且不小于梁高的范围内，箍筋间距不应大于100mm。

3. 沿梁高应设腰筋，数量不应少于2Φ14，间距不应大于200mm。

4. 梁的纵向受力钢筋和腰筋应按受拉钢筋的要求锚固在柱内，且支座上部的纵向钢筋在柱内的锚固长度应符合钢筋混凝土框支梁的有关要求。

4. 底部框架-抗震墙砌体房屋的上部墙体设置钢筋混凝土构造柱的构造要求

《抗震规范》第7.5.1条对底部框架-抗震墙砌体房屋的上部墙体设置钢筋混凝土构造柱的构造要求如下：

7.5.1　底部框架-抗震墙砌体房屋的上部墙体应设置钢筋混凝土构造柱或芯柱，并应符合下列要求：

1. 钢筋混凝土构造柱、芯柱的设置部位，应根据房屋的总层数分别按本规范第7.3.1条、第7.4.1条的规定设置。

2. 构造柱、芯柱的构造，除应符合下列要求外，还应符合本规范第7.3.2条、第7.4.2条、第7.4.3条的规定：

1）砖砌体墙中构造柱截面不宜小于240mm×240mm（墙厚190mm时为240mm×190mm）。

2）构造柱的纵向钢筋不宜少于4Φ14，箍筋间距不宜大于200mm；芯柱每孔插筋不应小于1Φ14，芯柱之间沿墙高应每隔400mm设Φ4焊接钢筋网片。

3. 构造柱、芯柱应与每层圈梁连接，或与现浇楼板可靠拉接。

5. 底部框架-抗震墙砌体房屋的底部采用钢筋混凝土墙的构造要求

底部框架-抗震墙砌体房屋的底部采用钢筋混凝土墙时，其截面和构造要求见《抗震规范》第7.5.3条。

7.5.3　底部框架-抗震墙砌体房屋的底部采用钢筋混凝土墙时，其截面和构造应符合下列要求：

1. 墙体周边应设置由梁（或暗梁）和边框柱（或框架柱）组成的边框；边框梁的截面宽度不宜小于墙板厚度的1.5倍，截面高度不宜小于墙板厚度的2.5倍；边框柱的截面高度不宜小于墙板厚度的2倍。

2. 墙板的厚度不宜小于160mm，且不应小于墙板净高的1/20；墙体宜开设洞口形成若干墙段，各墙段的高宽比不宜小于2。

3. 墙体的竖向和横向分布钢筋配筋率均不应小于0.30%，并应采用双排布置；双排分布钢筋间拉筋的间距不应大于600mm，直径不应小于6mm。

4. 墙体的边缘构件可按本规范第6.4节关于一般部位的规定设置。

6. 底部框架-抗震墙砌体房屋的过渡层墙体的构造要求

底部框架-抗震墙砌体房屋的过渡层墙体的构造要求见《抗震规范》第7.5.2条。

7.5.2　过渡层墙体的构造，应符合下列要求：

1. 上部砌体墙的中心线宜与底部的框架梁、抗震墙的中心线相重合；构造柱或芯柱宜与框架柱上下贯通。

2. 过渡层应在底部框架柱、混凝土墙或约束砌体墙的构造柱所对应处设置构造柱或芯柱；墙体内的构造柱间距不宜大于层高；芯柱除按本规范表7.4.1设置外，最大间距不宜大于1m。

3. 过渡层构造柱的纵向钢筋，6度、7度时不宜少于4ϕ16，8度时不宜少于4ϕ18。过渡层芯柱的纵向钢筋，6度、7度时不宜少于每孔1ϕ16，8度时不宜少于每孔1ϕ18。一般情况下，纵向钢筋应锚入下部的框架柱或混凝土墙内；当纵向钢筋锚固在托墙梁内时，托墙梁的相应位置应加强。

4. 过渡层的砌体墙在窗台标高处，应设置沿纵、横墙通长的水平现浇钢筋混凝土带；其截面高度不小于60mm，宽度不小于墙厚，纵向钢筋不少于2ϕ10，横向分布筋的直径不小于6mm且其间距不大200mm。此外，砖砌体墙在相邻构造柱间的墙体，应沿墙高每隔360mm设置2ϕ6通长水平钢筋和ϕ4分布短筋平面内点焊组成的拉结网片或ϕ4点焊钢筋网片，并锚入构造柱内；小砌块砌体墙芯柱之间沿墙高应每隔400mm设置ϕ4通长水平点焊钢筋网片。

5. 过渡层的砌体墙，凡宽度不小于1.2m的门洞和2.1m的窗洞，洞口两侧宜增设截面不小于120mm×240mm（墙厚190mm时为120mm×190mm）的构造柱或单孔芯柱。

6. 当过渡层的砌体抗震墙与底部框架梁、墙体不对齐时，应在底部框架内设置托墙转换梁，并且过渡层砖墙或砌块墙应采取比本条4款更高的加强措施。

7. 底部框架-抗震墙砌体房屋的框架柱构造要求

底部框架-抗震墙砌体房屋的框架柱的构造要求见《抗震规范》第7.5.6条。

7.5.6　底部框架-抗震墙砌体房屋的框架柱应符合下列要求：

1. 柱的截面不应小于400mm×400mm，圆柱直径不应小于450mm。

2. 柱的轴压比，6度时不宜大于0.85，7度时不宜大于0.75，8度时不宜大于0.65。

3. 柱的纵向钢筋最小总配筋率，当钢筋的强度标准值低于400MPa时，中柱在6度、7度时不应小于0.9%，8度时不应小于1.1%；边柱、角柱和混凝土抗震墙端柱在6度、7度时不应小于1.0%，8度时不应小于1.2%。

4. 柱的箍筋直径，6度、7度时不应小于8mm，8度时不应小于10mm，并应全高加密箍筋，间距不大于100mm。

5. 柱的最上端和最下端组合的弯矩设计值应乘以增大系数，一、二、三级的增大系数应分别按1.5、1.25和1.15采用。

本项目小结

1. 砌体结构房屋的震害现象大体为：房屋倒塌；墙体开裂、破坏；墙角破坏；纵、横墙连接处破坏；楼梯间破坏；楼盖与屋盖破坏；附属构件破坏等，设计时应避免相应破坏的发生。

2. 在进行多层砌体房屋的结构选型与布置时要遵循有关规定，如多层砌体房屋高度、层数、高宽比、抗震横墙间距、局部尺寸的限值以及多层砌体房屋结构体系抗震要求等；

3. 多层砌体房屋的抗震验算步骤

（1）计算房屋底部剪力：

$$F_{EK} = \alpha_{max} G_{eq}$$

（2）计算各楼层水平地震作用：

$$F_i = \frac{G_i H_i}{\sum\limits_{j=1}^{n} G_i H_j} F_{EK}$$

（3）计算楼层地震剪力：

$$V_i = \sum\limits_{j=i}^{n} F_i$$

（4）分配楼层剪力到各片墙体：

①刚性楼盖

对刚性楼盖，当每个抗震墙的高度、材料均相同时，其楼层地震剪力可按各抗震墙的横截面面积比例进行分配，即

$$V_{ij} = \frac{A_{ij}}{\sum\limits_{j=1}^{m} A_{ij}} V_i$$

②柔性楼盖

当楼层上重力荷载均匀分布时，可按各墙从属面积的比例进行分配。

$$V_{ij} = \frac{F_{ij}}{F_i} V_i$$

③中等刚性楼盖房屋

对于一般房屋，当墙高相同，所用材料相同，楼（屋）盖上荷载均匀分布时，按下式分配：

$$V_{ij} = \frac{1}{2}\left(\frac{A_{ij}}{A_i} + \frac{F_{ij}}{F_i}\right) V_i$$

（5）验算墙体截面抗震抗剪承载力：$V \leqslant f_{vE} A / \gamma_{RE}$

4. 多层砌体房屋的构造要求，抗震构造措施是房屋抗震设计的重要组成部分。因此，在抗震设计中予以重视。多层砖砌体房屋的抗震构造措施包括：①设置钢筋混凝土构造柱；②设置钢筋混凝土圈梁；③墙体之间要有可靠的连接；④构件之间要有足够搭接长度和可靠连接；⑤加强楼梯间的整体性等。

5. 底部框架-抗震墙砌体房屋与砌体房屋相类似，也包含震害规律分析、抗震计算、构造措施等。对于底部框架-抗震墙砌体房屋要注意其结构特点，其计算及构造是根据其受力特点分析得来的。

能力拓展训练题

一、思考题

1. 为何要限制多层砌体房屋的总高度和层数？为什么要控制房屋的最大高宽比？
2. 多层砌体结构的结构体系应符合哪些要求？
3. 为什么要限制多层砌体房屋抗震墙的间距？
4. 对多层砌体房屋的局部尺寸有哪些限制？
5. 怎样进行多层砌体房屋的抗震验算？
6. 多层砌体房屋的现浇圈梁和构造柱应符合哪些要求？

二、选择题

1. 房屋的总高度是指（　　　　）。
A. ±0.000 到檐口高度
B. 室外地面到檐口高度
C. 地下室地面到檐口高度
D. 室外地面到女儿墙顶部高度

2. 现浇钢筋混凝土楼板，伸进纵、横墙内的长度均不宜小于（　　　　）；预制钢筋混凝土楼板搁进外墙的长度不宜小于（　　　　）；搁进内墙的长度不宜小于（　　　　）；搁在梁上的长度不应小于（　　　　）。
A. 60mm
B. 80mm
C. 100mm
D. 120mm

3. 多层砌体房屋的结构体系，应符合下列（　　　　）要求。
A. 应优先采用横墙承重或与纵墙共同承重的结构体系
B. 纵、横墙的布置均匀对称，沿平面内宜对齐
C. 同一轴线上的窗洞可相错
D. 楼梯间不宜设置在房屋的尽端和转角处

4. 下列构件属于非结构构件的是（　　　　）。
A. 女儿墙
B. 雨篷
C. 过梁
D. 内隔墙
E. 填充墙
F. 楼梯踏步板

5. 为了减轻震害，《抗震规范》对砖混结构房屋进行了限制，其中包括（　　　　）。
A. 层数和总高度
B. 高宽比
C. 楼层高度
D. 楼板厚度

6. 下列关于构造柱设置的叙述中，正确的是（　　　　）。
A. 楼梯间宜设构造柱
B. 外墙四角宜设构造柱
C. 构造柱一定要单独设基础
D. 大房间外墙交接处应设置构造柱

三、练习题

【背景】条件：图 4-20 为四层砖混结构办公楼设计图，采用预制钢筋混凝土楼盖，横墙承重。内外墙的厚度均为 370mm，双面粉刷。黏土砖的强度等级为 MU15，砂浆的强度等级为 M5。窗洞尺寸为 $1.5\text{m} \times 2.1\text{m}$，内门洞尺寸为 $0.9\text{m} \times 2.1\text{m}$，外门洞尺寸为 $1.5\text{m} \times 2.5\text{m}$。抗震设防烈度为 8 度，设计基本地震加速度为 $0.2g$，设计地震分组为第二组，Ⅱ类场地，现进行屋顶间墙体抗震承载力验算。

计算内容要求包括：

1. 墙体剪力设计值的计算。
2. 屋顶间半层高处墙体的平均应力计算。
3. 抗震抗剪强度设计值的计算。
4. 截面抗震承载力验算。

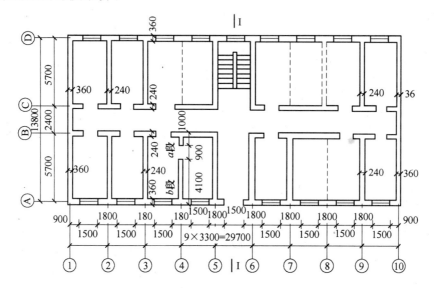

a)

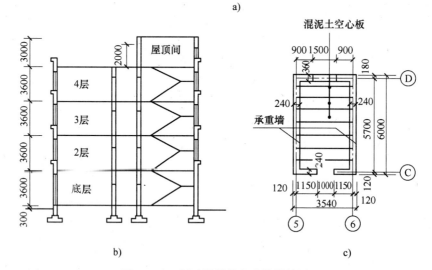

b)　　　　　　　　　　　　　　c)

图 4-20　四层砖混结构办公楼设计图

a）办公楼平面图　c）办公楼剖面图　b）屋顶间平面图

项目五　钢筋混凝土框架结构房屋抗震设计

5.1　震害及分析

　　一般来说，钢筋混凝土结构具有较好的抗震性能，在地震时所遭受的破坏比砌体结构要轻得多。但如果设计不当，无合理有效的抗震措施或施工质量不良，钢筋混凝土房屋也会产生严重的震害。通过震害调查来分析震害的现象及原因，这对不断改进抗震设计方法和采用更有针对性的措施无疑是非常必要的和重要的。

5.1.1　框架结构的震害

　　震害资料表明，钢筋混凝土框架结构地震破坏的主要部位是梁、柱连接处；框架结构在地震作用下，破坏集中于柱上下端和梁两端，以及节点区。一般情况下，柱的震害重于梁，角柱的震害重于内柱，短柱的震害重于一般柱；不规则的结构，震害加重；砌体填充墙容易破坏。

1. 框架柱

　　框架柱的破坏主要发生在接近节点处，在水平地震作用下，每层柱的上下端将产生较大的弯矩，当柱的正截面抗弯强度不足时，在柱的上下端产生水平裂缝，即这种破坏是由于纵筋配置不足引起的。由于反复的振动，裂缝会贯通整个截面，在强烈地震作用下，柱顶端混凝土被压碎直至剥落，柱主筋被压曲，如图 5-1 所示。

　　另外，当柱的净高与其截面长边的比值小于或等于 4 时，此时柱的抗侧向刚度很大，所以受到的地震剪力也大，柱身会出现交叉的 X 形斜裂缝，严重时箍筋屈服崩断，柱断裂，造成房屋倒塌。

　　框架的角柱，由于是双向受弯构件，再加上扭转的作用，而其所受的约束又比其他柱少，强震作用时更容易破坏，如图 5-2 所示。

图 5-1　某建筑柱顶破坏

图 5-2　框架角柱破坏

2. 框架梁

震害多发生在梁端。在强烈地震作用下，梁端纵向钢筋屈服，出现上下贯通的垂直裂缝和交叉斜裂缝。在梁端负弯矩钢筋切断处，由于抗弯能力削弱也容易产生裂缝，造成梁的剪切破坏。

梁剪切破坏的主要原因是，梁端钢筋屈服后，裂缝的产生和开展使混凝土抵抗剪力的能力逐渐减小，而梁内箍筋配置又少，以及地震的反复作用使混凝土的抗剪强度进一步降低，当剪力超过了梁的抗剪承载能力时就产生剪切破坏。

纵筋锚固破坏：当梁的纵筋在节点内锚固长度不足，或锚固构造不当，或节点区混凝土碎裂时，钢筋将会出现滑移，甚至从混凝土中拔出。

3. 框架节点

在地震的反复作用下，节点的破坏机理很复杂，主要表现为：节点核芯区产生斜向的 X 形裂缝，当节点区剪压比较大时，箍筋在未屈服的情况下混凝土被剪压酥碎而破坏，导致整个框架破坏。破坏的主要原因：混凝土强度不足、节点处的箍筋配置不合格，以及节点处钢筋太密集使得混凝土浇捣不密实等。

4. 抗震墙的震害

在强烈地震作用下，抗震墙的震害主要表现为连梁的剪切破坏，在地震反复作用下，在连梁的梁侧形成 X 形裂缝（图 5-3），其主要原因是由剪力和弯矩产生的主拉应力超过了连梁混凝土的抗拉强度。这个部位的破坏不会造成房屋倒塌，而且可以消耗地震的能量，但在小震作用时，要保证其不产生裂缝。

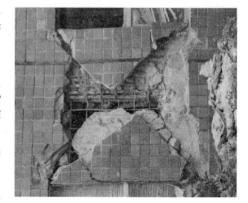

图 5-3　连梁梁侧的 X 形裂缝

5.1.2　填充墙的震害

多层框架柱间的填充墙，通常是在柱子上预留锚筋将砌块或砖拉住。由于梁下部的几皮

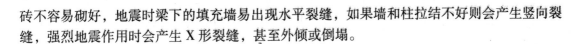

砖不容易砌好，地震时梁下的填充墙易出现水平裂缝，如果墙和柱拉结不好则会产生竖向裂缝，强烈地震作用时会产生 X 形裂缝，甚至外倾或倒塌。

5.2 抗震设计的一般规定

5.2.1 结构体系的选择

　　多层和高层钢筋混凝土房屋不同类型的结构体系具有不同的性能特点，在确定结构方案时，应根据建筑的使用功能要求和抗震要求进行合理选择。从抗震角度来说，结构的抗侧移刚度是选择结构体系时要考虑的重要因素，特别是对于高层建筑的设计，这一点往往起控制作用。随着多层和高层房屋的高度不断增加，结构在地震作用及其他荷载作用下产生的水平位移迅速增大，要求结构的抗侧向刚度必须随之增大。而不同类型的钢筋混凝土结构体系，由于构件及其组成方式的不同和受力特点的不同，在抗侧向刚度方面有很大差别，它们具有各自不同的合理使用高度，如框架结构的抗侧向刚度较小，为控制其水平位移，宜用于高度不是很高的建筑；而抗震墙结构和筒体结构的抗侧向刚度较大，在场地条件和烈度要求相同的条件下，可以建造更高的建筑。

　　同时，钢筋混凝土高层建筑还要考虑高宽比。高宽比是对结构刚度、整体稳定、承载能力和经济合理性的宏观控制。

　　除此以外，建筑的使用功能抗震设防烈度，以及建筑所在的场地条件、抗震设防烈度对结构体系都有影响，因此应综合以上因素合理选择结构体系。

　　《抗震规范》在考虑了地震烈度、场地土、抗震性能、使用要求及经济效果等因素和总结地震经验的基础上，对地震区的多、高层房屋适用的最大高度给出了以下规定：

6.1.1　本章适用的现浇钢筋混凝土房屋的结构类型和最大高度应符合表 6.1.1 的要求。平面和竖向均不规则的结构，适用的最大高度宜适当降低。

表 6.1.1　现浇钢筋混凝土房屋适用的最大高度　　　　（单位：mm）

结构类型		烈　　　度				
		6	7	8 (0.2g)	8 (0.3g)	9
框架		60	50	40	35	24
框架-抗震墙		130	120	100	80	50
抗震墙		140	120	100	80	60
部分框支抗震墙		120	100	80	50	不应采用
筒体	框架-核心筒	150	130	100	90	70
	筒中筒	180	150	120	100	80
板柱-抗震墙		80	70	55	40	不应采用

　　注：1. 房屋高度指室外地面到主要屋面板板顶的高度（不包括局部突出屋顶部分）。

　　　　2. 框架-核心筒结构指周边稀柱框架与核心筒组成的结构。

　　　　3. 部分框支抗震墙结构指首层或底部两层为框支层的结构，不包括仅个别框支墙的情况。

　　　　4. 表中框架，不包括异形柱框架。

　　　　5. 板柱-抗震墙结构指板柱、框架和抗震墙组成抗侧力体系的结构；

　　　　6. 乙类建筑可按本地区抗震设防烈度确定其适用的最大高度。

　　　　7. 超过表内高度的房屋，应进行专门的研究和论证，采取有效的加强措施。

5.2.2　抗震等级的划分

抗震等级是确定结构构件抗震计算与抗震措施的标准。《抗震规范》在综合考虑了设防烈度、建筑物高度、建筑物的结构类型、建筑物的类别及构件在结构中的重要程度等因素后，将结构划分为四个等级，见表5-1，它体现了不同的抗震要求。

表 5-1　现浇钢筋混凝土房屋的抗震等级

结构类型		设防烈度							
		6		7			8		9
框架结构	高度/m	≤24	>24	≤24	>24		≤24	>24	≤24
	框架	四	三	三	二		二	一	一
	大跨度框架	三		二			一		一
框架-抗震墙结构	高度/m	≤60	>60	≤24	25～60	>60	≤24	25～60	>60	≤24	25～50
	框架	四	三	四	三	二	三	二	一	二	一
	抗震墙	三		三		二	二		一	一	
抗震墙结构	高度/m	≤80	>80	≤24	25～80	>80	≤24	25～80	>80	≤24	25～60
	剪力墙	四	三	四	三	二	三	二	一	二	一
部分框支抗震墙结构	高度（m）	≤80	>80	≤24	25～80	>80	≤24	25～80			
	抗震墙 一般部位	四	三	四	三	二	三	二			
	加强部位	三	二	三	二	一	二	一			
	框支层框架	二		二		一	一				

注：1. 建筑场地为 I 类时，除 6 度外应允许按表内降低一度所对应的抗震等级采取抗震构造措施，但相应的计算要求不应降低。

2. 接近或等于高度分界时，应允许结合房屋不规则程度及场地、地基条件确定抗震等级。

3. 大跨度框架指跨度不小于 18m 的框架。

4. 高度不超过 60m 的框架-核心筒结构按框架-抗震墙的要求设计时，应按表中框架-抗震墙结构的规定确定其抗震等级。

使用以上表格确定抗震等级时，应注意以下五个方面：

（1）丙类建筑的抗震等级应按表 5-1 确定，其他设防类别的建筑应按本书第 1.5.3 节的规定调整设防烈度后再按表 5-1 确定抗震等级。

（2）设置少量抗震墙的框架结构，在规定的水平力作用下，底部框架部分所承担的地震倾覆力矩大于结构总地震倾覆力矩的 50% 时，其框架的抗震等级应按框架结构确定，抗震墙的抗震等级可与其框架的抗震等级相同。

（3）裙房与主楼相连，除应按裙房本身确定抗震等级外，相关范围不应低于主楼的抗震等级；主楼结构在裙房顶板对应的相邻上下各一层应适当加强抗震构造措施。裙房与主楼分离时，应按裙房本身确定抗震等级。

（4）当地下室顶板作为上部结构的嵌固部位时，地下一层的抗震等级应与上部结构相同，地下一层以下抗震构造措施的抗震等级可逐层降低一级，但不应低于四级。地下室中无上部结构的部分，抗震构造措施的抗震等级可根据具体情况采用三级或四级。

（5）当甲、乙类建筑按规定提高一度确定其抗震等级而房屋的高度超过表 5-1 规定的上界时，应采取比一级更有效的抗震构造措施。

例 5-1 已知某框架结构为乙类建筑，总高 $H = 33$m，所处地区为三类场地，抗震设防烈度为 7 度，设计基本地震加速度为 $0.15g$，确定采用的抗震等级。

【解】 乙类建筑，应按设防烈度为 8 度考虑抗震措施；高度 33m，查表 5-1，此框架的抗震等级为一级。

例 5-2 某 18 层钢筋混凝土框架-剪力墙结构，房屋的高度为 58m，7 度设防，丙类建筑，场地二类。确定该框架及剪力墙的抗震等级。

【解】 丙类建筑，应按设防烈度为 7 度考虑抗震措施；高度 58m，查表 5-1，该框架的抗震等级为三级，剪力墙的抗震等级为二级。

5.2.3 框架结构的布置

结构体系确定后，应密切结合建筑设计进行结构总体布置，使建筑物具有良好的体型和合理的传力路线。结构体系的受力性能与技术经济指标能否做到先进合理，与结构布置密切相关。钢筋混凝土结构房屋结构布置的基本原则是：①结构平面应力求简单规则，结构的主要抗侧力构件应对称均匀布置，尽量使结构的刚心与质心重合，避免地震时引起结构扭转和局部应力集中；②结构的竖向布置，应使其质量沿高度方向均匀分布，避免结构的刚度发生突变，并应尽可能降低建筑物的重心，以利于结构的整体稳定性；③合理设置变形缝；④加强楼、屋盖的整体性；⑤尽可能做到技术先进、经济合理。

1. 框架结构布置

框架结构主要用于 10 层以下的住宅、办公楼及各类公共建筑与工业建筑。为抵抗不同方向的地震作用，承重框架宜双向设置。楼、电梯间不宜设在结构单元的两端及拐角处，这是因为结构单元的两端及拐角处扭转应力大，受力复杂，容易造成破坏。框架的刚度沿高度不宜突变，以免造成薄弱层。同一结构单元宜将框架梁设置在同一标高处，尽可能不采用复式框架，以免出现错层和夹层，造成短柱破坏。出屋面的小房间不要做成砖混结构，可将框架柱延伸上去或做成钢木轻型结构，以防鞭梢效应造成结构破坏。

地震区的框架结构应设计成延性框架，遵守"强柱弱梁、强剪弱弯、强节点弱杆件"等设计原则，柱截面不宜过小，应满足结构侧移变形和轴压比的要求。梁与柱的轴线宜重合，不能重合时最大偏心距不宜大于柱宽的 1/4。

2. 框架梁的尺寸

框架梁的截面尺寸一般根据挠度要求取 $h = (1/14 \sim 1/8)l, b = (1/3 \sim 1/2)h$。同时，应满足《抗震规范》第 6.3.1 条的规定。

> 6.3.1 梁的截面尺寸，宜符合下列各项要求：
> 1. 截面宽度不宜小于 200mm。
> 2. 截面高宽比不宜大于 4。
> 3. 净跨与截面高度之比不宜小于 4。

3. 框架柱的尺寸

框架柱的截面尺寸往往是由结构的侧移要求决定的，但结构的侧移需要在结构的地震反应确定后方可求得，故通常根据工程经验并通过柱子轴压比等控制值初步确定柱的截面尺寸。

> 6.3.5　柱的截面尺寸，宜符合下列各项要求：
>
> 　　1. 截面的宽度和高度，四级或不超过 2 层时不宜小于 300mm，一、二、三级且超过 2 层时不宜小于 400mm。
>
> 　　2. 剪跨比宜大于 2。
>
> 　　3. 截面长边和短边的边长比不宜大于 3。

4. 防震缝的设置

设置防震缝，可以将不规则的建筑结构划分为若干较为简单、规则的结构，使其有利于抗震。但防震缝会给建筑立面处理、地下室防水处理带来难度，而且在强震作用下防震缝两侧的相邻结构可能产生局部碰撞，造成震害，因此应根据具体情况合理布置防震缝。

对于高层，尤其是超高层建筑宜选用合理的建筑结构方案而不设防震缝，同时采用合理的计算方法和有效的构造措施，以消除不设防震缝带来的不利影响。

当建筑物严重不规则、平面过长、有较大错层、不同部分的结构体系或地基条件有较大差异时，应考虑设置防震缝。

《抗震规范》第 6.1.4 条对防震缝的设置作了规定。

> 6.1.4　钢筋混凝土房屋需要设置防震缝时，应符合下列规定：
>
> 　　1. 防震缝宽度应分别符合下列要求：
>
> 　　（1）框架结构（包括设置少量抗震墙的框架结构）房屋的防震缝宽度，当高度不超过 15m 时不应小于 100mm；高度超过 15m 时，6 度、7 度、8 度和 9 度分别每增加高度 5m、4m、3m 和 2m，宜加宽 20mm。
>
> 　　（2）框架-抗震墙结构房屋的防震缝宽度不应小于本款（1）项规定数值的 70%，抗震墙结构房屋的防震缝宽度不应小于本款（1）项规定数值的 50%；且均不宜小于 100mm。
>
> 　　（3）防震缝两侧结构类型不同时，宜按需要较宽防震缝的结构类型和较低房屋高度确定缝宽。
>
> 　　2. 8 度、9 度框架结构房屋防震缝两侧结构层高相差较大时，防震缝两侧框架柱的箍筋应沿房屋全高加密，并可根据需要在缝两侧沿房屋全高各设置不少于两道垂直于防震缝的抗撞墙。

　　例 5-3　贴近既有三层框架结构的建筑一侧拟建一幢 10 层框架结构的建筑，既有建筑层高均为 4m，拟建建筑层高均为 3m，两者之间需设防震缝，该地区为 7 度抗震设防。试选用符合规定的防震缝最小宽度。

　　【解】　原框架结构高度为 $3 \times 4m = 12m$，拟建框架结构高度为 $3 \times 10m = 30m$，按较低房屋高度确定缝宽。因较低房屋高度低于 15m，故采用缝宽为 100mm。

　　例 5-4　在 7 度抗震设防区，一幢为高 60m（自室外地坪至屋顶的距离）的框架剪力墙结构大楼，楼顶上还有高为 4.5m 的电梯机房一个。紧相邻的另一幢为高 20m 的框架结构大厅。两楼的室内外标高差均为 0.6m。试确定防震缝的宽度。

【解】 防震缝两侧结构类型不同时,宜按需要较宽防震缝的结构类型和较低房屋高度确定缝宽,故应按高为 20m 的框架结构确定防震缝的宽度,设防烈度为 7 度,缝宽为

$$\delta = 100\text{mm} + (20.6 - 15) \times 20/4\text{mm} = 128\text{mm}$$

5. 框架结构布置中的其他问题

(1) 楼、电梯间不宜设置在房屋的两端或凹角处。

(2) 采用砌体填充墙,应采取措施减少对主体结构的不利影响。在平面和竖向的布置宜均匀对称,避免形成薄弱层和短柱。

(3) 应尽量避免夹层、错层,以及不适当地设置梁使框架柱形成短柱。

5.3 钢筋混凝土框架结构房屋抗震验算

5.3.1 框架结构抗震设计步骤

结构计算考虑地震作用时,一般可不考虑风荷载的影响,整个设计步骤如下:

(1) 根据建筑设计方案,进行结构选型与布置。

(2) 按照规范要求初步确定梁、柱截面尺寸及材料强度等级。

(3) 计算荷载、刚度和自振周期。

(4) 地震作用计算。

(5) 多遇地震作用下的抗震变形验算。

(6) 内力分析及内力组合。

(7) 截面抗震验算,即框架梁、柱配筋计算。

(8) 必要时进行罕遇地震作用下薄弱层的弹塑性变形验算。

(9) 结构构件和非结构构件抗震构造措施处理。

随着计算机的普及和结构设计软件的发展,目前我国工程界的结构抗震计算已经基本实现了电算化,但手算是结构设计人员的基本功,尤其是初学者更需通过手算实践,熟悉结构内力和变形的规律,以及框架结构配筋特点。

5.3.2 水平地震作用及其分配

结构的地震作用,一般情况下,可在建筑结构的两个主轴方向分别考虑水平地震作用,各方向的水平地震作用由该方向的抗侧力框架结构承担。

1. 计算单元的选取

计算多层框架结构的水平地震作用时,一般应以防震缝所划分的结构单元作为计算单元。在计算单元中,各楼层重力荷载代表值的集中质点 G_i 设在楼、屋盖标高处。

结构基本周期一般采用顶点位移法,计算表达式如下

$$T_1 = 1.7\psi_T \sqrt{\mu_T} \tag{5-1}$$

式中 ψ_T——考虑非结构墙体刚度影响的周期折减系数,当采用实砌填充砖墙时取 0.5 ~ 0.7;当采用轻质隔墙、外挂板墙时取 0.8;

   μ_T——假想集中在各层楼面处的重力荷载代表值 G_i 为水平荷载,按弹性方法所求得的结构顶点假想位移。

2. 地震作用及其分配

对于高度不超过 40m、质量和刚度沿高度分布比较均匀的框架结构，可采用底部剪力法。按本书项目三所述原则分别求单元的总水平地震作用标准值 F_{EK}、各层水平地震作用标准值 F_i 和顶部附加水平地震作用标准值 ΔF_n。

单元的总水平地震作用标准值 F_{EK}

$$F_{EK} = \alpha_1 G_{eq}$$

各层水平地震作用标准值 F_i：

$$F_i = \frac{G_i H_i}{\sum\limits_{j=1}^{n} G_j H_j} F_{EK}(1 - \delta_n)$$

3. 层间剪力及其分配

各楼层地震剪力标准值 V_i：

$$V_i = \sum_{j=1}^{n} F_i \tag{5-2}$$

将楼层地震剪力标准值 V_i 分配给各榀典型框架的各根柱：

$$V_{ij} = \frac{D_{ij}}{D_i} V_i \tag{5-3}$$

式中　V_{ij}——第 i 层第 j 根柱所分配的地震剪力；

　　　V_i——第 i 层地震剪力；

$$D_i = \sum_{j=1}^{n} D_{ij} \tag{5-4}$$

　　　D_i——第 i 层各柱侧向刚度之和；

　　　D_{ij}——第 i 层第 j 根柱子的侧向刚度。

5.3.3　水平地震作用下框架的内力计算

在工程中，用手算的方法计算框架结构在水平荷载作用下的内力时，常用的方法有两种，反弯点法和 D 值法（修正的反弯点法）。D 值法近似地考虑了框架节点转动对侧向刚度和反弯点高度的影响，比较精确，应用较为广泛。

水平地震作用沿建筑物高度呈倒三角形分布，用 D 值法计算内力的步骤如下：

（1）计算各层柱的侧向刚度 D

$$D = \alpha K_c \frac{12}{h^2} \tag{5-5}$$

$$K_c = \frac{E_c I_c}{h} \tag{5-6}$$

式中　α——节点转动影响系数，按表 5-2 取用；

　　　K_c——柱的线刚度；

　E_c、I_c——分别为柱混凝土的弹性模量、截面惯性矩；

　　　h——柱高。

表 5-2 节点转动影响系数

楼 层	边 柱	中 柱	α
一般层	$\overline{K} = \dfrac{K_1 + K_2}{2K_c}$	$\overline{K} = \dfrac{K_1 + K_2 + K_3 + K_4}{2K_c}$	$\alpha = \dfrac{\overline{K}}{2 + \overline{K}}$
底层	$\overline{K} = \dfrac{K_5}{K_c}$	$\overline{K} = \dfrac{K_5 + K_6}{K_c}$	$\alpha = \dfrac{0.5 + \overline{K}}{2 + \overline{K}}$

（2）计算各柱分配的剪力，由式（5-3）计算。

（3）确定各柱的反弯点高度位置

$$y = (y_0 + y_1 + y_2 + y_3)h \tag{5-7}$$

式中　y——反弯点高度位置；

　　y_0——标准反弯点高度比；

　　y_1——上下层线刚度发生变化时，柱的反弯点高度比修正值；

y_2、y_3——分别为上下层层高与本层层高不同时，柱的反弯点高度比修正值。

（4）计算柱端弯矩，如图 5-4 所示。

上端：
$$M_c^u = V_{ij} \times (h - y) \tag{5-8}$$

下端：
$$M_c^d = V_{ij} \times y \tag{5-9}$$

（5）计算梁端弯矩。求出各柱端弯矩后，利用节点弯矩平衡条件即可求得梁端弯矩，如图 5-5 所示。

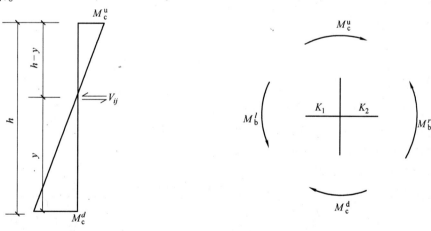

图 5-4　柱剪力与反弯点高度位置　　　　　图 5-5　梁端弯矩

对于中柱节点，先求出梁端总弯矩，再根据节点两侧梁线刚度的大小，将总弯矩分配到

各梁上去，即

$$M_{b}^{r} = \frac{K_2}{K_1 + K_2}(M_{c}^{u} + M_{c}^{d}) \qquad (5\text{-}10)$$

对边柱节点，直接根据节点平衡即可求出梁端弯矩。

（6）计算梁端剪力。以各个梁为脱离体，将梁的左右端弯矩之和除以梁跨长，便得梁端剪力，如图 5-6 所示。

$$V_{b} = \frac{M_{b}^{l} + M_{b}^{r}}{L} \qquad (5\text{-}11)$$

（7）计算柱轴力。将每层每跨的梁端剪力求出后，自上而下逐层叠加节点左右的梁端剪力，即可得到柱的轴向力，如图 5-7 所示。

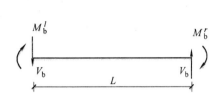

图 5-6　梁端剪力计算图

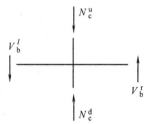

图 5-7　柱轴力计算图

5.3.4　竖向荷载作用下框架的内力计算

竖向荷载作用下框架结构的内力计算方法有分层法和弯矩二次分配法。

分层法就是将该层梁与上下柱组成计算单元，每单元按双层框架计算其内力；每层只承受该层的竖向荷载，不考虑其他各层荷载的影响。由于各个单元上下柱的远端并不是固定端，而是弹性嵌固，故在计算简图中除底层柱外其他各层柱的线刚度均乘以折减系数 0.9，因此柱的弯矩传递系数也相应地由 1/2 改为 1/3。

用弯矩二次分配法逐层计算各单元框架的弯矩，叠加起来即为整个框架的弯矩。每一层柱的最终弯矩由上下层单元框架所得的弯矩叠加得到。对节点处不平衡弯矩较大的可再分配一次，但不再传递。

因为钢筋混凝土结构为弹塑性体，框架节点非绝对刚接，所以支座截面实际弯矩值小于按刚接框架求得的弯矩值；且为了避免框架梁支座截面顶部负筋配置过多，影响结构延性导致施工不便。在竖向荷载作用下宜考虑梁端塑性变形内力重分布，将梁端负弯矩值进行调幅。对于现浇钢筋混凝土框架结构可取调幅系数 0.8 ~ 0.9。将调幅后的梁端弯矩叠加上简支梁的弯矩，即可得到梁的跨中弯矩，如图 5-8 所示。

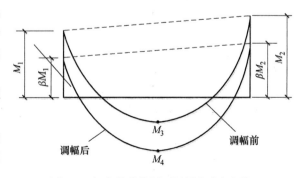

图 5-8　竖向荷载作用下梁端负弯矩调幅

只有竖向荷载作用下的梁端弯矩可以调幅，水平荷载作用下的梁端弯矩不能考虑调幅，因此必须先将竖向荷载作用下的梁端弯矩调幅后，再与水平荷载作用下的梁端弯矩进行组合。

5.3.5　内力组合

1. 控制截面的确定

梁的控制截面是梁的跨中截面及梁端，柱的控制截面是柱的上下端截面。在进行最不利内力组合时，对于水平地震作用及风荷载作用应考虑双向的特点。

2. 内力组合

由框架内力分析得到在不同荷载作用下产生的构件内力标准值。进行结构设计时，应根据可能出现的最不利情况确定构件内力设计值，进行截面设计。进行框架抗震设计时，一般考虑以下两种组合：

（1）考虑地震作用

$$S = 1.2S_{GE} + 1.3S_{Eh} \tag{5-12}$$

式中　S——水平地震作用效应与其他荷载效应的基本组合设计值；

　　　S_{GE}——重力荷载代表值的效应；

　　　S_{Eh}——由水平地震作用标准值计算的内力。

（2）不考虑地震作用。取下列三种荷载效应组合中的最不利组合：

1）永久荷载＋可变荷载（一般为楼面可变荷载）

$$S = 1.2S_{GK} + 1.4S_{LK} \tag{5-13}$$

2）永久荷载＋风荷载

$$S = 1.2S_{GK} + 1.4S_{WK} \tag{5-14}$$

3）永久荷载＋可变荷载＋风荷载

$$S = 1.2S_{GK} + 0.9(1.4S_{WK} + 1.4S_{LK}) \tag{5-15}$$

式中　　　　　S——荷载效应组合设计值；

S_{GK}、S_{LK}、S_{WK}——分别为杆件控制截面处的永久荷载、可变荷载、风荷载效应（即弯矩、剪力、轴力）标准值。

组合时，应注意以下几点：

1）竖向荷载产生的梁端负弯矩应先调幅，再与地震作用产生的弯矩进行组合。

2）跨中弯矩叠加不一定是跨中最大弯矩，对于永久荷载与可变荷载的组合，可偏安全地取两者跨中弯矩的最大值进行叠加；对于永久荷载与可变荷载、地震作用组合，宜取脱离体由静力平衡条件确定。

当梁上仅有均布荷载时，可用数解法计算梁跨间在重力荷载和地震共同作用下的最大弯矩，如图5-9所示。

当地震作用由左至右时，可写出距左端点 x 位置截面的弯矩方程为

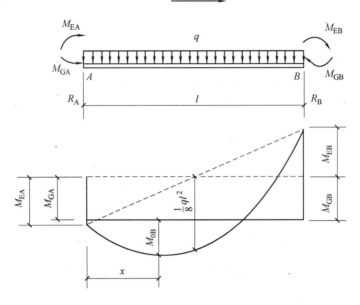

图 5-9　框架梁的内力组合

$$M_{x} = R_{A}x - \frac{qx^{2}}{2} - M_{GA} + M_{EA}$$

由 $\mathrm{d}M_{x}/\mathrm{d}x = 0$ 解得跨中最大弯矩距 A 支座的距离为

$$x = R_{A}/q$$

代入上式得

$$M_{GE} = \frac{R_{A}^{2}}{2q} - M_{GA} + M_{EA}$$

式中　　R_{A}——梁在 q、M_{G}、M_{E} 作用下左支座的反力。

5.4　钢筋混凝土框架结构构件设计

　　当地震烈度大于众值烈度时，钢筋混凝土框架结构将出现塑性铰，框架变形增大，地震作用随之降低。这意味着降低了结构的强度要求，达到了较为经济的设计效果。当然，随之而来的是框架塑性变形的增加。如果在塑性变形的发展过程中，结构承载力不显著降低，能安全工作，则将具有这种变形能力的框架称为延性框架。

　　试验研究及经验表明，钢筋混凝土框架结构的变形能力与框架的破坏机制密切相关。设计时应尽可能做到"强柱弱梁、强剪弱弯、强节点弱杆件"，促使框架以梁的受弯屈服来耗散地震能量，从而避免柱及节点的先前破坏以致房屋倒塌。

5.4.1　框架梁截面设计

框架梁的合理屈服机制是在梁上出现塑性铰。但在梁端出现塑性铰后，随着反复荷载的作用，剪力的影响增加，剪切变形增大，所以既希望梁上出现塑性铰而又不要发生剪切破坏，同时还要防止由于梁筋屈服而影响节点核芯区的性能，因此对梁端的设计提出以下要求。

①梁形成塑性铰后仍有足够的受剪承载力。

②梁筋屈服后，塑性铰区段应有较好的延性和耗能能力。

③解决梁筋锚固问题。

1. 梁的剪力设计值

为了使梁端有足够的抗剪承载力，实现"强剪弱弯"的设计思想，应充分估计框架梁端的实际配筋达到屈服并产生超强时可能产生的最大剪力。

"强剪弱弯"的实质是控制梁、柱构件的破坏形态，使其发生延性较好的弯曲破坏，避免脆性的剪切破坏。

一、二、三级的框架梁和抗震墙的连梁，其梁端截面组合的剪力设计值应按下式调整

$$V = \eta_{vb} \frac{M_b^l + M_b^r}{l_n} + V_{Gb} \tag{5-16}$$

一级的框架结构和9度的一级框架梁、连梁可不按上式调整，但应符合下式要求

$$V = 1.1 \frac{M_{bua}^l + M_{bua}^r}{l_n} + V_{Gb} \tag{5-17}$$

式中　　　l_n——梁的净跨；

　　　　V_{Gb}——梁在重力荷载代表值（9度时高层建筑还应包括竖向地震作用标准值）作用下，按简支梁分析的梁端截面剪力设计值；

　　M_b^l、M_b^r——分别为梁左右端逆时针或顺时针方向正截面组合的弯矩设计值；一级框架两端弯矩均为负值时，绝对值较小一端弯矩取为零；

　M_{bua}^l、M_{bua}^r——分别为梁左右端逆时针或顺时针方向根据实配钢筋面积（考虑受压筋）和材料强度标准值计算的正截面抗震受弯承载力所对应的弯矩值；

　　　　η_{vb}——梁的剪力增大系数，一级为1.3，二级为1.2，三级为1.1。

2. 梁的剪压比限值

剪压比是截面上平均剪应力与混凝土轴心抗压强度设计值之比，以 $V/\beta_c f_c b h_0$ 表示，用于说明截面上承受名义剪应力的大小。梁塑性铰区的截面剪应力大小对梁的延性、耗能及保持梁的刚度和承载力有明显影响。根据试验，极限剪压比平均值约为0.24，当剪压比大于0.3时，即使增加配箍，也宜发生斜压破坏。

《抗震规范》第6.2.9条规定：

（1）跨高比大于2.5的梁和连梁

$$V \leqslant \frac{1}{\gamma_{RE}} (0.20 f_c b h_0) \tag{5-18}$$

（2）跨高比不大于 2.5 的连梁、剪跨比不大于 2 的柱和抗震墙、部分框支抗震墙结构的框支柱和框支梁，以及落地抗震墙的底部加强部位：

$$V \leqslant \frac{1}{\gamma_{RE}}(0.15 f_c b h_0) \tag{5-19}$$

剪跨比应按下式计算

$$\lambda = M_c / (V_c h_0) \tag{5-20}$$

式中　λ——剪跨比，应按柱端截面组合的弯矩计算值 M_c，对应的截面组合剪力计算值 V_c 及截面有效高度 h_0 确定，并取上下端计算结果的较大值；反弯点位于柱高中部的框架柱可按柱净高与 2 倍柱截面高度之比计算；

　　　　V——取调整后的梁端、柱端或墙端截面组合的剪力设计值。

5.4.2　框架柱截面设计

柱是框架结构中最主要的承重构件，即使个别柱失效，也可能导致结构全面倒塌；另一方面，柱为偏压构件，其截面变形能力远不如以弯曲作用为主的梁。为确保柱有足够的承载力和延性，柱的设计应遵循以下原则：

（1）强柱弱梁，使柱端不出现塑性铰。

（2）在弯曲破坏之前不发生剪切破坏，使柱有足够的抗剪能力。

（3）控制柱的轴压比不要太大。

（4）加强约束，配置必要的约束箍筋。

1. 强柱弱梁要求

为了使框架具有必要的承载能力，以及良好的变形能力和耗能能力，应使塑性铰首先在梁的根部出现，此时结构仍能继续承受重力荷载，保证框架不倒。反之，若塑性铰首先在柱上出现，则很快就会在柱的上下端都出现塑性铰，使框架由结构转变为机构，造成房屋倒塌，如图 5-10 所示。为此，设计时应遵循"强柱弱梁"原则，如图 5-11 所示。

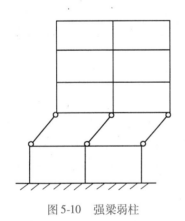

图 5-10　强梁弱柱

图 5-11　强柱弱梁

根据"强柱弱梁"原则进行调整的思路是：对同一节点，使其在地震作用组合下，柱端的弯矩设计值略大于梁端弯矩设计值。

《抗震规范》第6.2.2条规定，一、二、三、四级框架的梁、柱节点处，除框架顶层和柱轴压比小于0.15者及框支梁与框支柱的节点外，柱端组合的弯矩设计值应符合下式要求

$$\sum M_c = \eta_c \sum M_b \qquad (5\text{-}21)$$

一级的框架结构和9度的一级框架可不符合上式要求，但应符合下式要求

$$\sum M_c = 1.2 \sum M_{bua} \qquad (5\text{-}22)$$

式中　$\sum M_c$——节点上下柱端截面顺时针或逆时针方向组合的弯矩设计值之和；上下柱端的弯矩设计值，可按弹性分析分配；

　　　$\sum M_b$——节点左右梁端截面逆时针或顺时针方向组合的弯矩设计值之和；一级框架节点左右梁端均为负弯矩时，绝对值较小的弯矩应取为零；

　　　$\sum M_{bua}$——节点左右梁端截面逆时针或顺时针方向根据实配钢筋面积（考虑受压筋）和材料强度标准值计算的正截面抗震受弯承载力所对应的弯矩值之和；

　　　η_c——柱端弯矩增大系数，对框架结构，一级为1.7，二级为1.5，三级为1.3。

当反弯点不在柱高范围内时，说明框架梁对柱的约束作用较弱，为了避免在竖向荷载和地震共同作用下柱压曲失稳，柱端的弯矩设计值可以乘以上述增大系数。

试验研究表明，框架结构计算嵌固端所在层即底层的柱下端过早出现塑性屈服，将影响整个结构的抗地震倒塌能力。为了使底层的柱下端不过早出现塑性屈服，使整个结构的塑化过程得以充分发展，应适当加强底层柱的抗弯能力。为此《抗震规范》第6.2.3条有以下规定：

> 6.2.3　一、二、三、四级框架结构的底层，柱下端截面组合的弯矩设计值，应分别乘以增大系数1.7、1.5、1.3和1.2。

同时，地震时角柱处于复杂的受力状态，其弯矩和剪力设计值还应有所调整。

> 6.2.6　一、二、三、四级框架的角柱，经本规范第6.2.2条、第6.2.3条、第6.2.5条、第6.2.10条调整后的组合弯矩设计值、剪力设计值还应乘以不小于1.10的增大系数。

2. 强剪弱弯要求

为了保证梁、柱的延性，要求梁、柱在塑性铰区的抗剪能力要大于抗弯能力，不至于过早出现剪切破坏。

（1）柱的剪力设计值。为防止框架柱出现剪切破坏，应充分估计到柱端出现塑性铰即达到极限抗弯承载力时有可能产生的最大剪力，并以此进行柱斜截面计算。《抗震规范》第6.2.5条规定，一、二、三、四级的框架柱和框支柱组合的剪力设计值应按下式调整：

$$V = \eta_{vc}(M_c^b + M_c^t)/H_n \qquad (5\text{-}23)$$

一级的框架结构和9度的一级框架可不按上式调整，但应符合下式要求

$$V = 1.2(M_{cua}^t + M_{cua}^b)/H_n \qquad (5\text{-}24)$$

式中　　H_n——柱的净高；

　　M_c^t、M_c^b——分别为柱的上下端顺时针或逆时针方向截面组合的弯矩设计值；

M_{cua}^t、M_{cua}^b——分别为偏心受压柱的上下端顺时针或逆时针方向实配的正截面抗震受弯承载力所对应的弯矩值，根据实配钢筋面积、材料强度标准值和轴压力等确定；

η_{vc}——柱剪力增大系数，对框架结构，一、二、三、四级可分别取 1.5、1.3、1.2、1.1；

V——柱端截面组合的剪力设计值。

（2）柱的剪压比。试验表明，如果剪压比过大，混凝土就会过早产生脆性破坏，使箍筋不能充分发挥作用，因此必须限制剪压比（这也是构件最小截面的限制条件）。

框架柱的截面组合剪力设计值应符合式（5-18）、式（5-19）、式（5-20）的要求。

钢筋混凝土结构的梁、柱、抗震墙和连梁，其截面组合的剪力设计值应符合下列要求：

1）对于剪跨比大于 2 的柱和抗震墙：

$$V \leqslant \frac{1}{\gamma_{RE}}(0.20f_c bh_0) \tag{5-25}$$

2）对于剪跨比不大于 2 的柱和抗震墙：

$$V \leqslant \frac{1}{\gamma_{RE}}(0.15f_c bh_0) \tag{5-26}$$

剪跨比应按下式计算

$$\lambda = M_c / (V_c h_0) \tag{5-27}$$

式中　λ——剪跨比，应按柱端截面组合的弯矩计算值 M_c、对应的截面组合剪力计算值 V_c 及截面有效高度 h_0 确定，并取上下端计算结果的较大值；反弯点位于柱高中部的框架柱可按柱净高与 2 倍柱截面高度之比计算；

　　　V——取调整后的梁端、柱端截面组合的剪力设计值。

5.4.3　框架节点设计

框架节点是框架梁、柱节点的公共部分，节点失效意味着与之相连的梁与柱同时失效。框架节点破坏的主要形式是节点核芯区的剪切破坏和钢筋锚固破坏，严重时会引起整个框架倒塌，且节点破坏后的修复较困难，因此框架节点设计应遵循以下原则：

（1）节点的承载力不应低于其连接件（梁、柱）的承载力。

（2）多遇地震时，节点应在弹性范围内工作。

（3）罕遇地震时，节点承载力的降低不得危及竖向荷载的传递。

1. 强节点弱杆件要求

《抗震规范》要求：一、二、三级框架节点的核芯区应进行抗震验算；四级框架节点的核芯区可不进行抗震验算，但应符合抗震构造措施的要求。

一、二、三级框架梁、柱节点核芯区组合的剪力设计值应按下式确定

$$V_j = \frac{\eta_{jb} \sum M_b}{h_{b0} - a_s'}\left(1 - \frac{h_{b0} - a_s'}{H_c - h_b}\right) \tag{5-28}$$

一级框架结构和 9 度的一级框架可不按上式确定，但应符合下式

$$V_j = \frac{1.15 \sum M_{bua}}{h_{b0} - a'_s} \left(1 - \frac{h_{b0} - a'_s}{H_c - h_b} \right) \tag{5-29}$$

式中 V_j——梁、柱节点核芯区组合的剪力设计值；

h_{b0}——梁截面有效高度，节点两侧梁截面高度不等时可取平均值；

a'_s——梁受压钢筋合力点至受压边缘的距离；

H_c——柱的计算高度，可采用节点上下柱反弯点之间的距离；

h_b——梁的截面高度，节点两侧梁截面高度不等时可取平均值；

η_{jb}——强节点系数，对于框架结构，一级宜取 1.5，二级宜取 1.35，三级宜取 1.2；

$\sum M_b$——节点左右梁端顺时针或逆时针方向截面组合的弯矩设计值之和；

$\sum M_{bua}$——节点左右梁端反时针或顺时针方向实配的正截面抗震受弯承载力所对应的弯矩值之和，可根据实配钢筋面积（计入受压筋）和材料强度标准值确定。

2. 节点的剪压比限值

为了防止节点核芯区混凝土发生斜压破坏，应控制剪压比不得过大，一般应满足

$$V_j \leqslant \frac{1}{\gamma_{RE}} (0.30 \eta_j f_c b_j h_j) \tag{5-30}$$

式中 η_j——正交梁的约束影响系数，楼板为现浇、梁柱中线重合、四侧各梁截面宽度不小于该侧柱截面宽度的 1/2，且正交方向梁高度不小于框架梁高度的 3/4 时，可采用 1.5，9 度的一级宜采用 1.25；其他情况均采用 1.0；

h_j——节点核芯区的截面高度，可采用验算方向的柱截面高度；

γ_{RE}——承载力抗震调整系数，可采用 0.85。

3. 节点的受剪承载力

框架节点的受剪承载力可以由混凝土和节点箍筋共同组成。影响受剪承载力的主要因素有柱轴向力、正交梁约束、混凝土强度和节点配箍情况等。《抗震规范》第 D.1.4 条规定，节点核芯区截面抗震受剪承载力，应采用下列公式验算：

$$V_j \leqslant \frac{1}{\gamma_{RE}} \left(0.1 \eta_j f_t b_j h_j + 0.05 \eta_j N \frac{b_j}{b_c} + f_{yv} A_{svj} \frac{h_{b0} - a'_s}{s} \right) \tag{5-31}$$

式中 N——对应于组合剪力设计值的上柱组合轴向压力较小值，其取值不应大于柱的截面面积和混凝土轴心抗压强度设计值的乘积的 50%，当 N 为拉力时，取 $N = 0$；

A_{svj}——核芯区有效验算宽度范围内同一截面验算方向箍筋的总截面面积。

5.4.4 框架杆件抗震承载力验算

框架梁、柱截面的组合内力设计值确定后，按《混凝土结构设计规范》（GB 50010—2010）进行截面承载力验算，应分别满足地震作用和静力作用下的承载力要求。一般按以下两式计算

$$\gamma_0 S \leqslant R \tag{5-32}$$
$$S \leqslant R / \gamma_{RE}$$

比较以上两式计算数值，选择控制内力。

截面抗震的配筋计算，因需进行内力调整，故通常先确定梁的纵向受力钢筋，然后确定柱的纵向受力钢筋，最后进行梁、柱及节点的抗剪承载力验算。

1. 框架梁的抗震承载力验算

（1）正截面受弯承载力验算。考虑地震组合验算正截面承载力时，应按非抗震的有关规定计算，但在受弯承载力计算公式的右边除以相应的承载力抗震调整系数 γ_{RE}。梁正截面受弯承载力计算中，计入纵向受压钢筋的梁端混凝土受压区高度应符合下列要求

一级抗震等级 $\qquad\qquad\qquad\qquad$ $x \leqslant 0.25h_0$

二、三级抗震等级 $\qquad\qquad\qquad$ $x \leqslant 0.35h_0$

式中　x——混凝土受压区高度；

$\qquad$ h_0——截面有效高度。

（2）斜截面受剪承载力验算。首先，考虑地震作用组合的框架梁，构件截面尺寸应满足式（5-33）、式（5-34）的要求。

当跨高比大于2.5时：

$$V_b \leqslant \frac{1}{\gamma_{RE}}[0.20\beta_c f_c bh_0] \qquad\qquad (5\text{-}33)$$

当跨高比不大于2.5时：

$$V_b \leqslant \frac{1}{\gamma_{RE}}[0.15\beta_c f_c bh_0] \qquad\qquad (5\text{-}34)$$

其次，考虑地震作用组合的矩形截面框架梁，其斜截面抗剪承载力应符合下式要求

$$V_b \leqslant \frac{1}{\gamma_{RE}}\left[0.6\alpha_{cv} f_t bh_0 + f_{yv}\frac{A_{sv}}{s}h_0\right] \qquad\qquad (5\text{-}35)$$

2. 框架柱的抗震承载力验算

（1）正截面受压、受拉承载力验算。考虑地震组合的框架柱，其抗震正截面承载力按非抗震规定计算，但在承载力计算公式的右边应除以相应的承载力抗震调整系数 γ_{RE}。

（2）斜截面受剪承载力验算。首先，考虑地震组合的矩形截面框架柱，其受剪截面应符合式（5-36）、式（5-37）的要求。

剪跨比 λ 大于2的框架柱：

$$V_c \leqslant \frac{1}{\gamma_{RE}}[0.2\beta_c f_c bh_0] \qquad\qquad (5\text{-}36)$$

剪跨比 λ 不大于2的框架柱：

$$V_c \leqslant \frac{1}{\gamma_{RE}}[0.15\beta_c f_c bh_0] \qquad\qquad (5\text{-}37)$$

其中，λ 为框架柱的计算剪跨比，取 $M/(Vh_0)$。此处，M 宜取柱上、下端考虑地震组合的弯矩设计值的最大值，V 取与 M 对应的剪力设计值，h_0 为柱截面的有效高度；当框架结构中的框架柱的反弯点在柱层高范围内时，可取 λ 等于 $H_n/(2h_0)$，此处的 h_0 为柱净高。

其次，考虑地震组合的矩形截面框架柱，其斜截面受剪承载力应符合下列规定：

$$V_c \leqslant \frac{1}{\gamma_{RE}}\left[\frac{1.05}{\lambda+1}f_t bh_0 + f_{yv}\frac{A_{sv}}{s}h_0 + 0.056N\right] \qquad\qquad (5\text{-}38)$$

式中　λ——框架柱的计算剪跨比，当 λ 小于1.0时，取1.0，当 λ 大于3.0时，取3.0；

$\qquad$ N——考虑地震作用的框架柱的轴向压力设计值，当 N 大于 $0.3f_c A$ 时，取 $0.3f_c A$。

5.5　钢筋混凝土框架房屋抗震构造措施

5.5.1　钢筋的锚固

纵向受拉钢筋的抗震锚固长度 l_{aE} 应按下式计算：

$$l_{aE} = \eta l_a \tag{5-39}$$

式中　η——系数，一、二级抗震等级取 1.15，三级取 1.05，四级取 1.0；

　　　　l_a——纵向受拉钢筋的锚固长度，按照《混凝土结构设计规范》（GB 50010—2010）计算。

5.5.2　框架梁的抗震构造措施

1. 梁的截面尺寸

梁的截面尺寸一般按挠度要求取 $h = (1/14 \sim 1/8)l$，$b = (1/3 \sim 1/2)h$。同时，应满足《抗震规范》第6.3.1条的规定。

> 6.3.1　梁的截面尺寸，宜符合下列各项要求：
> 1. 截面宽度不宜小于200mm。
> 2. 截面高宽比不宜大于4。
> 3. 净跨与截面高度之比不宜小于4。

梁的截面宽度不宜小于200mm，否则在地震作用时，因塑性铰的出现使混凝土保护层剥落，导致梁截面过于薄弱，从而影响梁的抗剪承载能力。为了保证节点核芯区的约束能力，梁的宽度也不应小于梁高的1/4。

框架梁、柱中心线宜重合。当梁、柱中心线不能重合时，在计算时应该考虑偏心对梁、柱节点核芯区受力和构造的不利影响，以及梁的荷载对柱子的偏心影响。梁、柱中心线之间的偏心距，非抗震设计和6～8度抗震设计时不宜大于柱截面在该方向宽度的1/4。

梁宽大于柱宽的扁梁应符合下列要求：

（1）采用扁梁的楼、屋盖应现浇，梁中线宜与柱中线重合，扁梁应双向布置。扁梁的截面尺寸应符合下列要求，并应满足现行有关规范对挠度和裂缝宽度的规定：

$$b_b \leqslant 2b_c$$
$$b_b \leqslant b_c + h_b$$
$$h_b \geqslant 16d$$

式中　b_c——柱的截面宽度，圆形截面取柱直径的0.8倍；

　　b_b、h_b——分别为梁截面宽度和高度；

　　　　d——柱纵筋直径。

（2）扁梁不宜用于一级框架结构。

2. 梁的纵向钢筋

框架梁设计应符合下列要求：

（1）抗震设计时，计入受压钢筋作用的梁端截面混凝土受压区高度与有效高度之比值，一级不应大于 0.25，二、三级不应大于 0.35。

（2）纵向受拉钢筋的最小配筋百分率 ρ_{min}（%），非抗震设计时，不应小于 0.2 和 $45f_t/f_y$ 二者的较大值；抗震设计时，不应小于表 5-3 的规定。

表 5-3　梁纵向受拉钢筋最小配筋百分率 ρ_{min}（%）

抗震等级	位置	
	支座（取较大值）	跨中（取较大值）
一级	0.40 和 $80f_t/f_y$	0.30 和 $65f_t/f_y$
二级	0.30 和 $65f_t/f_y$	0.25 和 $55f_t/f_y$
三、四级	0.25 和 $55f_t/f_y$	0.20 和 $45f_t/f_y$

（3）抗震设计时，梁端截面的底面和顶面纵向钢筋截面面积的比值，除按计算确定外，一级不应小于 0.5，二、三级不应小于 0.3。

（4）梁端纵向受拉钢筋的配筋率不宜大于 2.5%。

（5）沿梁全长顶面和底面应至少各配两根纵向钢筋，一、二级抗震等级设计时钢筋直径不应小于 14mm，且分别不应小于梁两端顶面和底面纵向配筋中较大截面面积的 1/4，三、四级时钢筋直径不应小于 12mm。

（6）一、二级框架梁内贯通中柱的每根纵向钢筋直径，对于矩形截面柱，不应大于柱在该方向截面尺寸的 1/20；对圆形截面柱，不应大于纵向钢筋所在位置柱截面弦长的 1/20。

3. 梁的箍筋

在地震作用下，梁端塑性铰区纵向钢筋屈服的范围一般可达 1.5 倍梁高。在梁端纵向钢筋屈服范围内，加密封闭式箍筋，可以加强对节点核芯区混凝土的约束作用，提高塑性铰区混凝土的极限应变值，防止在塑性铰区发生斜裂缝破坏，从而保证框架梁有足够的延性。同时，还为纵向受压钢筋提供侧向支撑，防止纵筋压曲。

（1）梁端箍筋加密区的长度、箍筋最大间距和最小直径应按表 5-4 采用；当梁端纵向钢筋配筋率大于 2% 时，表中箍筋最小直径应增大 2mm。

（2）梁端箍筋加密区的肢距，一级不宜大于 200mm 和 20 倍箍筋直径的较大值，二、三级不宜大于 250mm 和 20 倍箍筋直径的较大值，四级不宜大于 300mm。

（3）框架梁非加密区箍筋最大间距不宜大于加密区箍筋间距的 2 倍。

表 5-4　梁端箍筋加密区的长度、箍筋最大间距和最小直径

抗震等级	加密区长度（采用较大值）/mm	箍筋最大间距（采用较小值）/mm	箍筋最小直径/mm
一	$2h_b$, 500	$h_b/4$, $6d$, 100	10
二	$1.5h_b$, 500	$h_b/4$, $8d$, 100	8
三	$1.5h_b$, 500	$h_b/4$, $8d$, 150	8
四	$1.5h_b$, 500	$h_b/4$, $8d$, 150	6

注：1. d 为纵向钢筋直径，h_b 为梁截面高度。

2. 箍筋直径大于 12mm、数量不少于 4 肢且肢距不大于 150mm 时，一、二级的最大间距应允许适当放宽，但不得大于 150mm。

5.5.3　框架柱的抗震构造措施

1. 柱的截面尺寸

柱的截面尺寸宜符合下列要求：

（1）截面的宽度和高度，四级或不超过2层时不宜小于300mm，一、二、三级且超过2层时不宜小于400mm；圆柱的直径，四级或不超过2层时不宜小于350mm，一、二、三级且超过2层时不宜小于450mm。

（2）剪跨比宜大于2。

（3）截面的长边和短边的边长之比不宜大于3。

（4）为了避免剪切破坏，柱的净高与截面长边之比宜大于4。

2. 柱的轴压比限值

轴压比是指柱组合的轴压力设计值与柱的全截面面积和混凝土轴心抗压强度设计值乘积之比值。

为保证强柱弱梁和增加柱的延性，在确定柱的截面尺寸时应首先保证柱的轴压比限值。震害分析表明，框架柱轴压比越大，柱的延性就越差，震害就越严重，因此《抗震规范》第6.3.6条规定框架柱的轴压比不宜超过表5-5的规定。

表5-5　柱轴压比限值

结 构 类 型	抗 震 等 级			
	一	二	三	四
框架结构	0.65	0.75	0.85	0.90
框架-抗震墙、板柱-抗震墙、框架-核心筒及筒中筒	0.75	0.85	0.90	0.95
部分框支抗震墙	0.6	0.7	—	—

注：1. 表内限值适用于剪跨比大于2、混凝土强度等级不高于C60的柱；剪跨比不大于2的柱，轴压比限值应降低0.05；剪跨比小于1.5的柱，轴压比限值应专门研究并采取特殊构造措施。

　　2. 沿柱全高采用井字复合箍且箍筋肢距不大于200mm、间距不大于100mm、直径不小于12mm，或沿柱全高采用复合螺旋箍、螺旋间距不大于100mm、箍筋肢距不大于200mm、直径不小于12mm，或沿柱全高采用连续复合矩形螺旋箍、螺旋净距不大于80mm、箍筋肢距不大于200mm、直径不小于10mm，轴压比限值均可增加0.10。

　　3. 柱轴压比不应大于1.05。

3. 柱的纵向钢筋

柱的纵筋配置，应符合下列要求：

（1）柱的纵向钢筋宜对称配置。

（2）截面边长大于400mm的柱，纵向钢筋间距不宜大于200mm。

（3）柱的总配筋率不应大于5%；剪跨比不大于2的一级框架的柱，每侧纵向钢筋配筋率不宜大于1.2%。

（4）边柱、角柱及抗震墙端柱在小偏心受拉时，柱内纵筋总截面面积应比计算值增加25%。

（5）柱纵向钢筋的绑扎接头应避开柱端的箍筋加密区。

（6）柱纵向受力钢筋的最小总配筋率应按表5-6采用，同时每一侧配筋率不应小于0.2%；对建于Ⅳ类场地且较高的高层建筑，最小总配筋率应增加0.1%。

表5-6　柱纵向受力钢筋的最小总配筋率（%）

类　别	抗 震 等 级			
	一	二	三	四
中柱和边柱	0.9(1.0)	0.7(0.8)	0.6(0.7)	0.5(0.6)
角柱、框支柱	1.1	0.9	0.8	0.7

注：1. 表中括号内数值用于框架结构的柱。

2. 钢筋强度标准值小于400MPa时，表中数值应增加0.1；钢筋强度标准值为400MPa时，表中数值应增加0.05。

3. 当混凝土强度等级高于C60时，上述数值应相应增加0.1。

4. 柱的箍筋

根据震害研究，框架柱的破坏主要集中在柱端1.0～1.5倍柱截面高度范围内。加密柱端箍筋有以下作用：承担柱子剪力；约束混凝土，提高混凝土的抗压强度及变形能力；为纵向钢筋提供侧向支撑，防止纵筋压曲。

（1）柱的箍筋加密范围，应按下列规定采用：

1）柱端，取截面高度（圆柱直径）、柱净高的1/6和500mm三者的最大值。

2）底层柱的下端不小于柱净高的1/3。

3）刚性地面上下各500mm。

4）剪跨比不大于2的柱、因设置填充墙等形成的柱净高与柱截面高度之比不大于4的柱、框支柱、一级和二级框架的角柱，取全高。

（2）柱箍筋在规定的范围内应加密，加密区的箍筋间距和直径应符合下列要求：

1）一般情况下，箍筋的最大间距和最小直径，应按表5-7采用。

表5-7　柱箍筋加密区的箍筋最大间距和最小直径

抗震等级	箍筋最大间距(采用较小值)/mm	箍筋最小直径/mm
一	6d,100	10
二	8d,100	8
三	8d,150(柱根100)	8
四	8d,150(柱根100)	6(柱根8)

注：1. d为纵向钢筋最小直径。

2. 柱根指底层柱下端箍筋加密区。

2）一级框架柱的箍筋直径大于12mm且箍筋肢距不大于150mm及二级框架柱的箍筋直径不小于10mm且箍筋肢距不大于200mm时，除底层柱下端外，最大间距应允许采用150mm；三级框架柱的截面尺寸不大于400mm时，箍筋最小直径应允许采用6mm；四级框架柱剪跨比不大于2时，箍筋直径不应小于8mm。

3）框支柱和剪跨比不大于2的框架柱，箍筋间距不应大于100mm。

（3）柱内常用箍筋形式如图5-12所示。

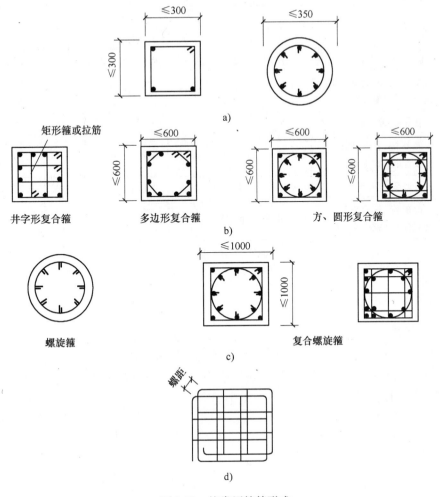

图 5-12 柱常用箍筋形式

a）普通箍 b）复合箍 c）螺旋箍 d）连续复合螺旋箍（用于矩形截面柱）

（4）加密区内箍筋肢距。柱箍筋加密区的箍筋肢距，一级不宜大于 200mm，二、三级不宜大于 250mm，四级不宜大于 300mm。至少每隔一根纵向钢筋宜在两个方向有箍筋或拉筋约束；采用拉筋复合箍时，拉筋宜紧靠纵筋并钩住箍筋。

（5）柱箍筋加密区的体积配箍率，应按下列规定采用：

柱箍筋加密区的体积配箍率应符合式（5-40）的要求

$$\rho_{v} \geqslant \lambda_{v} f_{c} / f_{yv} \tag{5-40}$$

式中　ρ_{v}——柱箍筋加密区的体积配箍率，一级不应小于 0.8%，二级不应小于 0.6%，三、四级不应小于 0.4%；计算复合螺旋箍的体积配箍率时，其非螺旋箍的箍筋体积应乘以折减系数 0.8；

f_{c}——混凝土轴心抗压强度设计值，强度等级低于 C35 时，应按 C35 计算；

λ_{v}——最小配箍特征值，宜按表 5-8 采用；

f_{yv}——箍筋求拉筋抗拉强度设计值。

表 5-8 柱箍筋加密区的箍筋最小配箍特征值

抗震等级	箍筋形式	柱轴压比								
		≤0.3	0.4	0.5	0.6	0.7	0.8	0.9	1.0	1.05
一	普通箍、复合箍	0.10	0.11	0.13	0.15	0.17	0.20	0.23	—	—
	螺旋箍、复合或连续复合矩形螺旋箍	0.08	0.09	0.11	0.13	0.15	0.18	0.21	—	—
二	普通箍、复合箍	0.08	0.09	0.11	0.13	0.15	0.17	0.19	0.22	0.24
	螺旋箍、复合或连续复合矩形螺旋箍	0.06	0.07	0.09	0.11	0.13	0.15	0.17	0.20	0.22
三、四	普通箍、复合箍	0.06	0.07	0.09	0.11	0.13	0.15	0.17	0.20	0.22
	螺旋箍、复合或连续复合矩形螺旋箍	0.05	0.06	0.07	0.09	0.11	0.13	0.15	0.18	0.20

注：普通箍指单个矩形箍和单个圆形箍，复合箍指由矩形、多边形、圆形箍或拉筋组成的箍筋；复合螺旋箍指由螺旋箍与矩形、多边形、圆形箍或拉筋组成的箍筋；连续复合矩形螺旋箍指用一根通长钢筋加工而成的箍筋。

5.5.4 框架节点的抗震构造措施

1. 顶层中节点

（1）顶层中节点的柱纵向钢筋直接伸至柱顶面，其锚固长度不应小于 l_{aE}。当直线段锚固长度不足时，柱纵向钢筋直接伸至柱顶后向内弯折，弯折前的垂直投影长度不应小于 $0.5l_{aE}$，弯折后的水平投影长度取 $12d$，如图 5-13 所示。

（2）当楼盖为现浇混凝土时，且板的混凝土强度不低于 C20、板厚不小于 80mm 时，柱纵向钢筋直接伸至柱顶后也可向外弯折，弯折后的水平投影长度取 $12d$。

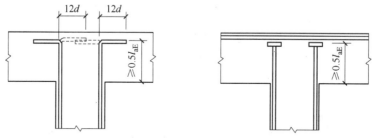

图 5-13 梁、柱纵筋在顶层中节点范围内的锚固

2. 顶层边节点

在框架顶层边节点，梁上部纵向钢筋与柱外侧纵向钢筋的搭接做法有两种。

（1）搭接接头可沿节点外边及梁上边布置，如图 5-14a 所示。搭接长度不能小于 $1.5l_{aE}$，柱外侧纵向钢筋应有不少于 65% 伸入梁内，其中不能伸入梁内的柱外侧纵向钢筋宜沿柱顶伸至柱内边。当该柱筋位于顶部第一层时，伸至柱内边后宜向下弯折不少于 $8d$ 长度后截断；当该柱筋位于顶部第二层时，伸至柱内边后截断。当楼盖为现浇混凝土时，且板的混凝土强度不低于 C20、板厚不小于 80mm 时，梁宽范围外的柱纵向钢筋可伸入现浇板内，其伸入长度与伸入梁内的柱纵向钢筋相同。

当柱外侧纵向钢筋配筋率大于 1.2% 时，伸入梁内钢筋宜分两批截断，其截断点间距不宜小于 $20d$。

梁上部纵向钢筋应伸至柱外边后向下弯折到梁底标高。

这种搭接做法梁筋不伸入柱内，便于施工。

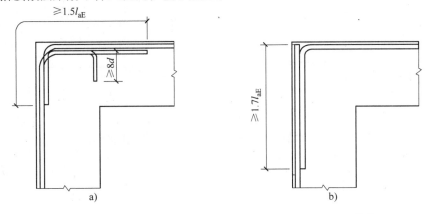

图 5-14　梁、柱的纵向钢筋在顶层边节点范围内的锚固和搭接

（2）当梁、柱配筋率较高时，可将外侧柱筋伸至柱顶，梁上部纵筋伸至节点外边后向下弯折与柱外侧纵筋搭接，其直接搭接长度不应该小于 $1.7l_{aE}$（图 5-14b），其中外侧柱筋伸至柱顶后向内弯折，弯折后的水平投影长度不宜小于 $12d$。

这种搭接做法柱顶的水平钢筋数量较少，便于浇筑混凝土。

顶层边节点的柱内侧纵筋锚固做法同顶层中节点，梁下部纵筋锚固做法同楼层边节点。

3. 标准层中间节点

梁上部纵向钢筋应贯穿楼层中间节点；梁下部纵筋伸入中间节点的锚固长度不应小于 l_{aE}，且伸过柱中心线不应小于 $5d$，如图 5-15 所示。

4. 标准层边节点

梁上部纵向钢筋在楼层边节点内用直线锚固方式锚入边节点时，其锚固长度除不应小于 l_{aE} 外，还应伸过节点中心线不小于 $5d$。当纵向钢筋在边节点内水平直线段锚固长度不足时，应伸过柱外边并向下弯折，弯折前的水平投影长度不应小于 $0.4l_{aE}$，弯折后的垂直投影长度取 $15d$，如图 5-16 所示。

梁下部纵筋在节点的锚固方法同上部纵向钢筋，但向上弯折。

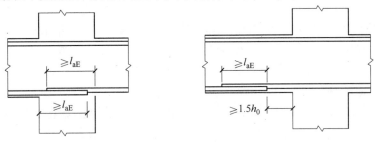

图 5-15　梁的纵向钢筋在标准层中节点范围内的锚固

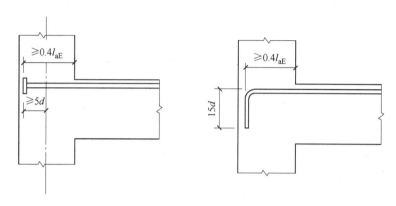

图 5-16　梁的纵向钢筋在标准层边节点范围内的锚固

5.6　框架的设计实例

一、设计目的

通过工程设计，综合运用和深化所学理论知识，使学生受到专业技能的基本训练，注重培养学生下列能力：

（1）独立分析和解决问题的能力。

（2）调查研究、收集资料、查阅资料的能力。

（3）有一定的综合技术经济分析比较的能力。

（4）有一定的结构受力理论分析及设计运算能力。

（5）有一定的应用计算机进行计算及绘图的能力。

（6）手绘工程施工图的能力。

（7）编写设计说明书、计算书的能力。

二、工程概况

根据需要，某市拟建一个商业批发楼。经有关部门批准，并经城市规划部门审核批准，拟建地点在某市郊。

1. 建筑功能

该楼建筑面积约为 $2000m^2$（上下浮动 5%），建筑平面为长方形，层数为三层，底层高 4.5m，其余层高 4.2m，室内 ±0.000 相当于绝对高程 880m。其平面方案如图 5-17 所示。批发楼三层考虑设置不小于 $100m^2$ 的办公室，楼内不设卫生间。屋面为不上人卷材防水层面，屋面排水按有组织内排水设计。

批发楼外墙面为白色面砖，室内地面采用深红色地板砖，内墙面为水泥砂浆抹面，白色乳胶漆。外墙门窗为铝合金，其余为木门窗，其他做法自行设计。结构体系采用钢筋混凝土现浇框架结构。

2. 水、暖、电部分

按防火规范要求，该楼应设置消防栓，通风以自然通风为主，电按常规设计。

3. 施工条件

施工由××公司承包，该公司技术力量雄厚，能从事各种民用建筑的施工。工程所需的各种门窗、中小型钢筋混凝土预制构件,以及钢筋、水泥、砂、石等材料,均可按设计要求保证供应。

施工用水、用电可就近在主干道旁接入,能满足施工要求,劳动力可满足施工需要。

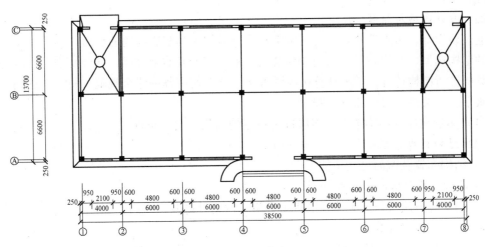

图 5-17 平面方案

三、设计条件

(1) 水文、气象资料。年平均温度 3℃;最低日平均温度 -14.8℃(一月),绝对最低温度 -32℃;最热日平均温度 24℃;冬季通风室内设计温度 22℃;年相对湿度,历年平均60.3%,最热日平均 46%。

冻土情况:冻土深度 1.2~1.3m,冻土期 10 月 15 日~3 月 15 日。

降雨量:平均 290.8mm,日最大量 45.7mm,每小时最大降雨量 13.4mm。

最大积雪深度 480mm,每年积雪天 157 天。

(2) 地质情况。地基土由素填土、砂砾石、弱风化基岩组成。第一层土为素填土,层厚 1.5~1.7m,地基承载力标准值为 120kN/m²;第二层为砂砾石,层厚 8.5~8.8m,地基承载力标准值为 250kN/m²;第三层为弱风化基岩,地基承载力标准值为 350kN/m²。

场地类别为 Ⅱ 类,场地地下 15m 深度范围内无可液化土层。地下水位标高为 790m,水质对混凝土无侵蚀性。拟建场地地形平缓。

(3) 抗震设防情况:8 度、0.2g、第一组。

(4) 楼面活荷载标准值为 3.5kN/m²。

(5) 基本风压 $w_0 = 0.6$kN/m²(地面粗糙度属 B 类),基本雪压 $S_0 = 0.75$kN/m²($n = 50$ 年)。

(6) 材料强度等级:混凝土强度等级为 C25,纵向钢筋为 HRB335 级,箍筋为 HPB300级。

(7) 屋面做法:(自上而下)SBS 防水层(0.4kN/m²),30mm 厚细石混凝土找平(24kN/m³),陶粒混凝土找坡(2%、7kN/m³),125mm 厚加气混凝土块保温(7kN/m³),150mm 厚现浇钢筋混凝土板(25kN/m³),吊顶或粉底(0.4kN/m²)。

(8) 楼面做法:(自上而下)地板砖地面(0.6kN/m²),150mm 厚现浇钢筋混凝土板

（25kN/m³），吊顶或粉底（0.4kN/m²）。

（9）门窗做法：均采用铝合金门窗。

（10）墙体做法：外墙为250mm厚加气混凝土块，外贴面砖内抹灰；内墙为200mm厚加气混凝土块，两侧抹灰。

四、设计内容及深度

通过该设计，重点培养学生运用所学理论分析问题和解决问题的能力，使学生掌握多层房屋的结构选型、结构布置、结构计算及结构施工图绘制的全过程，学会使用工程软件，利用计算机进行结构计算，了解计算机绘图方法，学会使用各种建筑规范，使学生达到一定的设计水平。有关结构设计部分内容如下：

（1）多层房屋的结构选型，多层框架房屋的结构方案及布置。

（2）结构计算包括：

1）结构布置及截面尺寸初估。

2）荷载计算及标准构件的选用。

3）用手算方法进行框架体系的内力分析、内力计算及内力组合。

4）内力及侧移计算。

（3）用计算机进行框架体系的内力分析、内力计算及截面配筋。

（4）绘制施工图（一张计算机绘制，三张手绘）。

五、设计资料

《混凝土结构设计规范》（GB 50010—2010）

《建筑结构荷载规范》（GB 50009—2012）

《建筑抗震设计规范》（GB 50011—2016）

《静力计算手册》

《混凝土结构计算手册》

《抗震设计手册》

《建筑抗震构造图集》

六、结构方案

1. 结构体系

考虑该建筑为商业批发楼，开间进深层高较大，根据《抗震规范》第6.1.1条，框架结构体系选择大柱网布置方案。

2. 结构抗震等级

根据《抗震规范》第6.1.2条，该全现浇框架结构处于8度设防区，总高度12.9m，因此属二级抗震。

3. 楼盖方案

考虑本工程楼面荷载较大，对于防渗、抗震要求较高，为了符合适用、经济、美观的原则和增加结构的整体性及施工方便，采用整体式双向板交梁楼盖。

4. 基础方案

根据工程地质条件，考虑地基有较好的土质，地耐力较高，采用柱下独立基础，并按《抗震规范》第6.1.11条设置基础系梁。

七、结构布置及梁、柱截面初估

1. 结构布置（图 5-18）

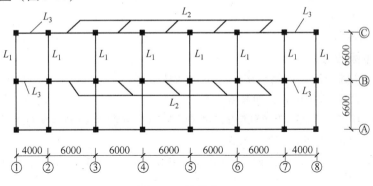

图 5-18 结构布置

2. 梁、柱截面初估

（1）框架梁。根据《抗震规范》第 6.3.1 条，梁宽不小于 200mm，梁高不大于 4 倍的梁宽，梁净跨不小于 4 倍的梁高，又参考受弯构件连续梁，梁高 $h = (1/8 \sim 1/12)L$，梁宽 $b = (1/2 \sim 1/3)h$。

（2）框架柱。根据《抗震规范》第 6.3.5 条，柱截面宽度 b 不小于 400mm，柱净高与截面高度之比不宜小于 4；《抗震规范》第 6.3.6 条，二级抗震等级框架柱轴压比限值为 0.75。

框架梁、柱截面尺寸初估见表 5-9。

表 5-9 框架梁、柱截面尺寸初估

构 件	编 号	计算跨度 L/mm	$h = (1/8 \sim 1/12)L$/mm	$b = (1/2 \sim 1/3)h$/mm
横向框架梁	KJL₁	6600	650	250
纵向框架梁	KJL₂	6000	600	250
	KJL₃	4000	600	250
底层框架柱	Z₁	5500	550	550
其他层框架柱	Z₂	4200	500	500

框架梁的计算跨度以柱形心线为准，由于建筑轴线与柱形心线重合，而外墙面与柱外边线齐平，故①轴、⑧轴、Ⓐ轴、Ⓒ轴梁及填充墙均为偏心 125mm，满足《抗震规范》第6.1.5 条规定。

八、荷载计算

1. 屋面荷载标准值

SBS 防水层	0.40kN/m²
30mm 厚细石混凝土找平层	24 × 0.03kN/m² = 0.72kN/m²
陶粒混凝土并找坡（平均厚 115mm）	7 × 0.115kN/m² = 0.805kN/m²
125mm 厚加气混凝土块保温	7 × 0.125kN/m² = 0.875kN/m²
150mm 厚现浇钢筋混凝土板	25 × 0.15kN/m² = 3.75kN/m²
吊顶	0.40kN/m²
屋面恒荷载标准值小计	6.95kN/m²
屋面活荷载标准值（雪荷载）	0.75kN/m²

2. 楼面荷载标准值

水磨石地面	0.65kN/m²

150mm 厚现浇混凝土板　　　　　　　　　　　　　　　$25 \times 0.15 \text{kN/m}^2 = 3.75 \text{kN/m}^2$

吊顶　　　　　　　　　　　　　　　　　　　　　　　　0.40kN/m^2

楼面恒荷载标准值　　　　　　　　　　　　　　　　　　4.80kN/m^2

楼面活荷载标准值　　　　　　　　　　　　　　　　　　3.50kN/m^2

3. 楼面自重标准值

包括梁侧、柱侧抹灰，有吊顶房间梁不包括抹灰。

L_1：$b \times h = 0.25 \text{m} \times 0.65 \text{m}$，净长 6.1m

均布线荷载为 $25 \times 0.25 \times 0.65 \text{kN/m} = 4.06 \text{kN/m}$，重量为 $4.06 \times 6.1 \text{kN} = 24.78 \text{kN}$

Z_1：$b \times h = 0.5 \text{m} \times 0.5 \text{m}$，净长 5.5m；

均布线荷载为 $25 \times 0.5 \times 0.5 \text{kN/m} + 0.02 \times 40 \text{kN/m} = 7.05 \text{kN/m}$，重量为 $7.05 \times 5.5 = 38.78 \text{kN}$

梁、柱自重标准值见表5-10。

表 5-10　梁、柱自重标准值

构件编号	截面/m²	长度/m	线荷载/(kN/m)	每根重量/kN	每层根数/个	每层总重/kN
KJL₁	0.25 × 0.65	6.1	4.06	24.78	16	396.48
KJL₂	0.25 × 0.6	5.5	3.75	20.63	15	309.4
KJL₃	0.25 × 0.6	3.5	3.75	13.13	6	78.8
Z₁	0.55 × 0.55	5.5	7.05	38.78	24	930.6
Z₂	0.5 × 0.5	4.2	7.05	29.61	24	710.64

注：梁长为净跨。

4. 墙体自重标准值

外墙体均采用 250mm 厚加气混凝土块填充，内墙均采用 200mm 厚加气混凝土块填充。内墙抹灰，外墙贴面砖，面荷载为

250mm 厚加气混凝土墙　　　　$7 \times 0.25 \text{kN/m}^2 + 17 \times 0.02 \text{kN/m}^2 + 0.5 \text{kN/m}^2 = 2.59 \text{kN/m}^2$

200mm 厚加气混凝土墙　　　　$7 \times 0.2 \text{kN/m}^2 + 17 \times 0.02 \times 2 \text{kN/m}^2 = 2.08 \text{kN/m}^2$

240mm 厚砖墙砌女儿墙　　　　$18 \times 0.24 \text{kN/m}^2 + 17 \times 0.02 \text{kN/m}^2 + 0.5 \text{kN/m}^2 = 5.16 \text{kN/m}^2$

考虑开窗，外纵墙扣除窗洞口，窗重量按墙的重量 ×1.1 系数考虑。

墙体自重标准值见表5-11。

表 5-11　墙体自重标准值

部位	墙体		每片面积/m²	每片重/kN	片数	每层重/kN
底层	纵墙		$[5.5 \times (5.5 - 0.6) - 4.8 \times 2.7] \times 1.1 = 15.4$	36.26	10	362.60
			$[3.5 \times (5.5 - 0.6) \times 0.4^①] \times 1.1 = 7.55$	17.77	4	71.08
	横墙		$6.1 \times (5.5 - 0.65) = 29.59$（250 墙厚）	76.63	4	306.52
			$6.1 \times (5.5 - 0.65) = 29.59$（200 墙厚）	61.54	2	123.08
其他层	纵墙		$[5.5 \times (4.2 - 0.6) - 4.8 \times 2.7] \times 1.1 = 7.52$	17.72	10	177.20
			$[3.5 \times (4.2 - 0.6) - 2.7 \times 3.2] \times 1.1 = 4.35$	8.16	4	32.64
	横墙		$6.1 \times (4.2 - 0.65) = 21.66$（250mm 墙厚）	56.09	4	224.36
			$6.1 \times (4.2 - 0.65) = 21.66$（200mm 墙厚）	45.05	2	90.10
屋顶	女儿墙		$0.9 \times (38 + 0.25 + 13.2 + 0.25) \times 2 = 93.1$	480.38	1	480.38

① 门窗洞口的折减系数。

5. 节点集中荷载（以③轴框架为例）

（1）框架屋面节点集中恒荷载标准值

1）A、C 轴处顶层边节点

纵向框架梁自重	$(25 \times 0.25 \times 0.6 + 0.5 \times 0.6) \times 5.5 \text{kN} = 22.28 \text{kN}$
纵向框架梁传来屋面自重	$6.95 \times 0.5 \times 6 \times 3 \text{kN} = 62.55 \text{kN}$
0.9m 高女儿墙自重加抹灰	$5.16 \times 0.9 \times 6 \text{kN} = 27.86 \text{kN}$
	合计：$G_{3A} = G_{3C} = 112.69 \text{kN}$

2）B 轴顶层中间节点

纵向框架梁自重	22.28kN
纵向框架梁传来屋面自重	$6.95 \times 2 \times 0.5 \times 6 \times 3 \text{kN} = 125.1 \text{kN}$
	合计：$G_{3B} = 147.38 \text{kN}$

（2）一、二层框架楼面节点集中恒荷载标准值

1）A、C 轴处一、二层边节点

纵向框架梁自重	22.28kN
梁上加气混凝土墙加抹来	17.72kN
楼面板传来	$4.8 \times 0.5 \times 6 \times 3 \text{kN} = 43.2 \text{kN}$
	合计：$G_{1A} = G_{1C} = G_{2A} = G_{2C} = 83.2 \text{kN}$

2）B 轴一、二层中间节点

纵向框架梁自重	22.28kN
纵向框架传来楼面重	$4.8 \times 2 \times 0.5 \times 6 \times 3 \text{kN} = 86.4 \text{kN}$
	合计：$G_{1B} = G_{2B} = 108.68 \text{kN}$

（3）框架屋面节点集中活荷载标准值

1）A、C 轴处顶层边节点

纵向框架梁传来屋面活荷载 $\qquad Q_{3A} = Q_{3C} = 0.75 \times 0.5 \times 3 \times 6 \text{kN} = 6.75 \text{kN}$

2）B 轴顶层中间节点

纵向框架梁传来屋面活荷载 $\qquad Q_{3B} = 2 \times 0.75 \times 0.5 \times 3 \times 6 \text{kN} = 13.5 \text{kN}$

（4）框架楼面节点集中活荷载标准值

1）A、C 轴处中间层边节点

纵向框架梁传来屋面活荷载 $\qquad Q_{1A} = Q_{1C} = Q_{2A} = Q_{2C} = 3.5 \times 0.5 \times 3 \times 6 \text{kN} = 31.5 \text{kN}$

2）B 轴中间层传来楼面活荷载

纵向框架梁传来屋面活荷载 $\qquad Q_{2B} = Q_{1B} = 2 \times 3.5 \times 0.5 \times 3 \times 6 \text{kN} = 63 \text{kN}$

6. 横向框架梁上的分布荷载（以③轴框架为例）

（1）作用在顶层③轴框架梁上恒荷载标准值

梁自重（均布线荷载）	$g_3' = 4.06 \text{kN/m}$
屋面板传来（梯形荷载）	$g_3'' = 6.95 \times 6 \text{kN/m} = 41.7 \text{kN/m}$

（2）作用在一、二层③轴框架梁上恒荷载标准值

梁自重（均布线荷载）	$g_1' = g_2' = 4.06 \text{kN/m}$
楼面板传来（梯形荷载）	$g_1'' = g_2'' = 4.8 \times 6 \text{kN/m} = 28.8 \text{kN/m}$

（3）作用在顶层③轴框架梁上活荷载（雪）标准值

屋面板传来（梯形荷载） $\qquad q_3' = 0.75 \times 6 \text{kN/m} = 4.5 \text{kN/m}$

（4）作用在一、二层③轴框架梁上活荷载标准值

楼面板传来（梯形荷载） $\qquad q_1'' = q_2'' = 3.5 \times 6 \text{kN/m} = 21 \text{kN/m}$

7. 重力荷载代表值

根据《抗震规范》第5.1.3条，顶层重力荷载代表值包括屋面恒荷载，50%屋面雪荷载，顶层纵、横框架梁自重，顶层半层墙柱自重及女儿墙自重。

其他层重力荷载代表值包括楼面恒荷载，50%楼面均布活荷载，该层纵、横框架梁自重，该层楼上下各半层柱及墙体自重。

各层楼面重力荷载代表值如下：

$$G_3 = [38 \times 13.2 \times (6.95 + 0.5 \times 0.75) + 480.38 + 0.5 \times (710.64 + 177.2 + 32.64 + 224.36 + 90.11) + (396.48 + 309.4 + 78.8)]kN = 5556.76kN$$

$$G_2 = [38 \times 13.2 \times (4.8 + 0.5 \times 3.5) + (396.48 + 309.4 + 78.8) + 177.2 + 32.64 + 224.36 + 90.11 + 710.64]kN = 5305.11kN$$

$$G_1 = [38 \times 13.2 \times (4.8 + 0.5 \times 3.5) + (396.48 + 309.4 + 78.8) + 0.5 \times (930.6 + 362.6 + 71.07 + 710.6 + 123.08 + 306.56 + 177.2 + 32.64 + 224.36 + 90.1)]kN = 5584.59kN$$

建筑物总重力荷载代表值为 $G_E = \sum_1^3 G_i$

地震作用计算简图如图5-19所示。

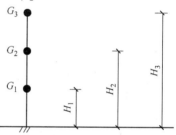

图5-19　地震作用计算简图

九、内力及侧移计算

1. 水平地震作用下框架的侧移计算

（1）梁的线刚度。因本例采用现浇楼盖，在计算框架梁的截面惯性矩时，对边框架梁取 $I = 1.5I_0$（I_0 为矩形梁的截面惯性矩）；对中框架梁取 $I = 2I_0$，采用C25混凝土，$E_c = 2.80 \times 10^4 N/mm^2$。

$$I_0 = bh^3/12 = \frac{1}{12} \times 0.25 \times 0.65^3 m^4 = 5.72 \times 10^{-3} m^4$$

$$I_b = 2I_0 = 2 \times 5.72 \times 10^{-3} m^4 = 11.44 \times 10^{-3} m^4$$

梁的线刚度为

$$K_b = E_c I_b/L = (2.80 \times 10^4 \times 11.44 \times 10^{-3})/(6.6 \times 10^{-3})kN \cdot m = 4.85 \times 10^4 kN \cdot m$$

横梁线刚度计算见表5-12。

表5-12　横梁线刚度计算

梁号	截面 $b \times h/m^2$	跨度 /m	混凝土强度等级	惯性矩 I_0/m^4	边框架梁		中框架梁	
					$I_b = 1.5I_0$	$K_b = EI_b/L$	$I_b = 2I_0$	$K_b = EI_b/L$
KJL_1	0.25×0.65	6.6	C25	5.72×10^{-3}	8.55×10^{-3}	3.64×10^4	11.44×10^{-3}	4.85×10^4
KJL_2	0.25×0.6	6.6	C25	4.5×10^{-3}	6.75×10^{-3}	3.15×10^4	9×10^{-3}	4.2×10^4
KJL_3	0.25×0.6	6.6	C25	4.5×10^{-3}	6.75×10^{-3}	4.73×10^4	9×10^{-3}	6.3×10^4

（2）柱的线刚度。柱的线刚度计算见表5-13，横向框架计算简图如图5-20所示。

表5-13　柱的线刚度计算

柱　　号	截面 bh/m^2	柱高/m	惯性矩 $I_c = 1/12bh^3/m^4$	线刚度 $K_c/kN \cdot m$
Z_1	0.55×0.55	5.5	$\frac{1}{12} \times 0.5 \times 0.5^3 = 5.21 \times 10^{-3}$	2.65×10^4
Z_2	0.5×0.5	4.2	$\frac{1}{12} \times 0.5 \times 0.5^3 = 5.21 \times 10^{-3}$	3.47×10^4

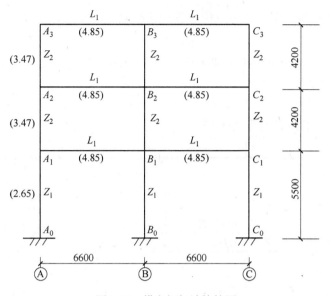

图 5-20　横向框架计算简图

注：括号内为梁或柱的线刚度值，单位为 $10^4 \text{kN} \cdot \text{m}$。

（3）横向框架柱侧向刚度。横向框架柱侧向刚度计算见表 5-14。

表 5-14　横向框架柱侧向刚度计算

层次	柱类型	$\bar{K} = \sum K_B / 2\sum K_C$ 一般层 $\bar{K} = \sum K_B / \sum K_C$ 底层	$\alpha = \bar{K}/2 + \bar{K}$ 一般层 $\alpha = 0.5 + \bar{K}/2 + \bar{K}$ 底层	各柱刚度 $D_{im} = \alpha K_C 12/h^2 / (\text{kN/m})$	根数
二三层	边框架边柱	$(3.64 \times 2) \div (2 \times 3.47) = 1.05$	$1.05 \div (2 + 1.05) = 0.344$	$0.344 \times 12 \times 3.47 \times 10^4 / 4.2^2 =$ 8.12×10^3	4
	边框架中柱	$(4 \times 3.64) \div (2 \times 3.47) = 2.1$	$2.1 \div (2 + 2.1) = 0.512$	12.09×10^3	2
二三层	中框架边柱	$(2 \times 4.85) \div (2 \times 3.47) = 1.4$	$1.398 \div (2 + 1.398) = 0.41$	9.702×10^3	12
	中框架中柱	$(4 \times 4.85) \div (2 \times 3.47) = 2.8$	$2.796 \div (2 + 2.796) = 0.58$	13.76×10^3	6
	$\sum D$			255.64×10^3	
底层	边框架边柱	$3.64 \times 2 \div 2.65 = 2.747$	$(0.5 + 2.747) \div (2 + 2.747)$ $= 0.684$	$0.684 \times 12 \times 2.65 \times 10^4 / 5.5^2 =$ 7.189×10^3	4
	边框架中柱	$3.64 \times 4 \div 2.65 = 5.494$	$(0.5 + 5.494) \div (2 + 5.494)$ $= 0.8$	8.408×10^3	2
	中框架边柱	$2 \times 4.85 \div 2.65 = 3.66$	$(0.5 + 3.66) \div (2 + 3.66)$ $= 0.735$	7.725×10^3	12
	中框架中柱	$4 \times 4.35 \div 2.65 = 6.566$	$(0.5 + 7.32) \div (2 + 7.32) = 0.84$	8.81×10^3	6
	$\sum D$			191.18×10^3	

（4）横向框架自振周期。按顶点位移法计算框架的自振周期

$$T_1 = 1.7\alpha_0 \sqrt{\Delta_{max}}$$

式中　α_0——考虑填充墙影响的周期调整系数，取 $0.6 \sim 0.7$，本工程中横墙较少，故取 0.6；

　　Δ_{max}——框架的顶点位移；

　　T_1——自振周期。

横向框架顶点位移的计算见表5-15。

表5-15　横向框架顶点位移的计算

层次	G_i/kN	$\sum G_i/kN$	$\sum D/(kN/m)$	层间相对位移 $\sum G_i / \sum D$	$\Delta_{i/m}$
3	5556.76	5556.76	2.556×10^5	0.022	0.15
2	5305.11	10861.87	2.556×10^5	0.042	0.128
1	5584.59	16446.46	1.912×10^5	0.086	0.086

$$T_1 = 1.7 \times 0.6 \times \sqrt{0.15} \mathrm{s} = 0.395 \mathrm{s}$$

（5）横向地震作用。由《抗震规范》第5.1.4条查得，在Ⅱ类场地，8度区，结构的特征周期 T_g 和地震影响系数 α_{max} 为 $T_g = 0.35\mathrm{s}$，$\alpha_{max} = 0.16$，$\eta_2 = 1.0$。

因为 $T_1 = 0.395 > T_g$，所以 $\alpha_1 = (T_g/T_1)^\gamma \eta_2 \alpha_{max} = 0.143$；且 $T_1 = 0.395 < 1.4T_g$，所以 $\delta_n = 0$。

顶部附加地震作用为 $\Delta F_n = \delta_n F_{EK} = 0$

$$F_{EK} = \alpha_1 G_{eq} = 0.143 \times 0.85 \times 16446.46 \mathrm{kN} = 1999.07 \mathrm{kN}$$

各质点的水平地震作用标准值、楼层地震作用、地震剪力及楼层间位移计算见表5-16。

$$F_i = \frac{G_i H_i}{\sum G_i H_i} F_{EK} (1 - \delta_n) \qquad \Delta U_e = V_i / \sum D$$

表5-16　各质点的水平地震作用标准值、楼层地震作用、地震剪力及楼层间位移计算

层次	h_i/m	H_i/m	G_i	$G_i H_i/(kN/m)$	F_i/kN	v_i/kN	$\sum D$	$\Delta U_e/m$
3	4.2	13.9	5556.76	77238.96	968.59	968.59	255644	0.004
2	4.2	9.7	5305.11	51459.57	645.31	1613.9	255644	0.006
1	5.5	5.5	5584.59	30715.25	385.17	1999.07	191180	0.01
Σ			16446.46	159413.78	1999.07			

横向框架各层水平地震作用分布及地震剪力分布如图5-21所示。

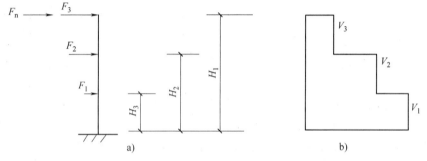

图5-21　框架各层水平地震作用分布及地震剪力分布

a）水平地震作用分布　b）地震剪力分布

（6）横向框架抗震变形验算

首层 $\theta_e = \Delta U_e / h_i \leqslant [\theta_e] = 1/550$

同理可进行纵向框架变形验算。

2. 水平地震作用下横向框架的内力计算

以③轴横向框架为例进行计算。在水平地震作用下，框架柱的剪力及弯矩计算采用 D 值法，其计算结果见表 5-17。

表 5-17 水平地震作用下③轴框架柱的剪力及弯矩标准值

柱号	层次	层高 h	层间剪力 V_i	层间刚度 $\sum D_i$	各柱刚度 D_{im}	$\dfrac{D_{im}}{\sum D}$	$V_{im} = \dfrac{D_{im}}{\sum D} V_i$	k	y	$M_下$	$M_上$
A	3	4.2	968.59	255644	9702	0.038	36.80	1.398	0.42	64.93	89.66
	2	4.2	1613.90	255644	9702	0.038	61.33	1.398	0.47	121.10	136.50
	1	5.5	1999.07	191180	7725	0.040	79.96	3.660	0.55	241.90	197.90
B	3	4.2	968.59	255644	13760	0.054	52.30	2.796	0.45	98.85	120.80
	2	4.2	1613.90	255644	13760	0.054	87.15	2.796	0.50	183.00	183.00
	1	5.5	1999.07	191180	8818	0.046	91.96	7.321	0.55	278.20	227.60

注：1. y——反弯点高度系数，$y = y_0 + y_1 + y_2 + y_3$，$y_0$、$y_1$、$y_2$、$y_3$ 均查表求得，y 值计算见表 5-18。

    2. $M_下$——柱下端弯矩，$M_下 = V_{ik} y h$。

    3. $M_上$——柱上端弯矩，$M_上 = V_{ik}(1-y)h$。

表 5-18 y 值计算

柱号	层次	k	y_0	α_1	y_1	α_2	y_2	α_3	y_3	y
边柱	3	1.398	0.42	1	0	—	—	1	0	0.42
	2	1.398	0.47	1	0	1	0	1.31	0	0.47
	1	3.660	0.55	1	—	0.764	0	—	—	0.55
中柱	3	2.796	0.45	1	0	—	—	1	0	0.45
	2	2.796	0.50	1	0	1	0	1.31	0	0.50
	1	7.321	0.55	—	—	0.764	0	—	—	0.55

柱上下端弯矩求得后，利用节点平衡，求在水平地震作用下的梁端弯矩，利用平衡条件可求梁端剪力及柱轴力，计算见表 5-19。框架在左震时的弯矩图如图 5-22 所示，框架在右震时的弯矩图与左震时对称。

表 5-19 水平地震作用下的梁端弯矩、梁端剪力及柱轴力

层次	AB 跨				BC 跨				柱轴力		
	L /m	$M_左$ /(kN/m)	$M_右$ /(kN/m)	V_b /kN	L /m	$M_左$ /(kN/m)	$M_右$ /(kN/m)	V_b /kN	N_A /kN	N_B /kN	N_C /kN
3	6.6	89.66	60.4	22.74	6.6	60.40	89.66	22.74	−22.74	0	22.74
2	6.6	201.4	141.0	51.88	6.6	140.90	201.40	51.88	−74.62	0	74.62
1	6.6	319.0	205.3	79.44	6.6	205.30	319.00	79.44	−154.06	0	154.06

注：轴力拉为"−"，压为"+"。

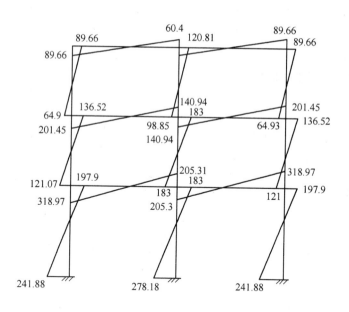

图 5-22　框架在左震时的弯矩图

3. 恒荷载作用下的内力计算

恒荷载作用下的内力计算采用弯矩二次分配法，由于框架梁上的分布荷载由矩形和梯形两部分组成，故根据固端弯矩相等的原则，先将梯形荷载转化为等效均布荷载。等效均布荷载的计算公式见相关《静力计算手册》，计算简图如图 5-23 所示。

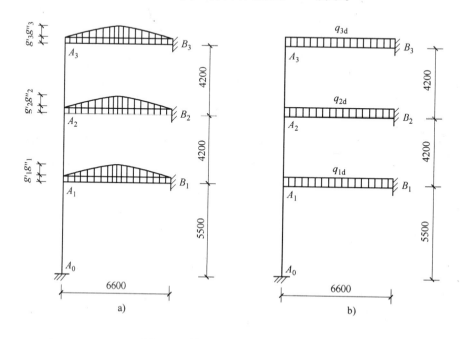

图 5-23　等效均布荷载的计算简图

a）恒荷载作用下的计算简图（实际）　b）恒荷载作用下的计算简图（等效均布）

（1）框架梁上梯形荷载转化为等效均布荷载

$$q_{id} = (1 - 2\alpha^2 + \alpha^3)q; \ \alpha = a/l = 3/6.6 = 0.455$$

三层

$$q_{3d} = g_3 + (1 - 2\alpha^2 + \alpha^3)g_3'' = 4.06 \text{kN/m} + (1 - 2 \times 0.455^2 + 0.455^3) \times 41.7 \text{kN/m}$$
$$= 32.42 \text{kN/m}$$

二层

$$q_{2d} = g_2 + (1 - 2\alpha^2 + \alpha^3)g_2'' = 4.06 \text{kN/m} + (1 - 2 \times 0.455^2 + 0.455^3) \times 28.8 \text{kN/m}$$
$$= 23.64 \text{kN/m}$$

一层

$$q_{1d} = g_1 + (1 - 2\alpha^2 + \alpha^3)g_1'' = 23.64 \text{kN/m}$$

（2）恒荷载作用下的杆端弯矩。本工程框架结构对称，荷载也对称，故可利用对称性进行计算。

1）固定端弯矩计算

$$M_{A_3B_3}^F = -M_{B_3A_3}^F = -q_{3d}l^2/12 = -32.42 \times 6.6^2 \div 12 \text{kN} \cdot \text{m} = -117.68 \text{kN} \cdot \text{m}$$

$$M_{A_2B_2}^F = -M_{B_2A_2}^F = -q_{2d}l_2^2/12 = -23.64 \times 6.6^2 \div 12 \text{kN} \cdot \text{m} = -85.81 \text{kN} \cdot \text{m}$$

$$M_{A_1B_1}^F = -M_{B_1A_1}^F = M_{A_2B_2}^F = -85.81 \text{kN} \cdot \text{m}$$

2）分配系数。分配系数计算见表5-20

表5-20　分配系数计算

节点	A_3		A_2			A_1		
杆件	A_3A_2	A_3B_3	A_2A_3	A_2B_2	A_2A_1	A_1A_2	A_1B_1	A_1B_0
$s_i = 4i$	4×0.715 $= 2.86$	4×1 $= 4$	4×0.715 $= 2.86$	4×1 $= 4$	4×0.715 $= 2.86$	4×0.715 $= 2.86$	4×1 $= 4$	4×0.546 $= 2.184$
$\sum s_i$	6.86		9.72			9.044		
$\mu = \dfrac{s_i}{\sum s_i}$	0.417	0.583	0.294	0.412	0.294	0.316	0.442	0.242

3）杆端弯矩计算。恒荷载作用下杆端弯矩计算如图5-24所示。

4）恒荷载作用下的框架弯矩图。要求梁跨中弯矩，则需根据求得的支座弯矩和各跨的实际荷载分布按平衡条件计算，而不能按等效分布荷载计算简支梁。均布荷载下的跨中弯矩 $= ql^2/8 = 4.06 \times 6.6^2/8 \text{kN} \cdot \text{m} = 22.11 \text{kN} \cdot \text{m}$；梯形荷载下的跨中弯矩 $= ql^2(3 - 4\alpha^2)/24 = 41.7 \times 6.6^2(3 - 4 \times 0.455^2)/24 \text{kN} \cdot \text{m} = 164.38 \text{kN} \cdot \text{m}$；合计跨中弯矩 $= (164.38 + 22.11) \text{kN} \cdot \text{m} = 186.49 \text{kN} \cdot \text{m}$。

三层：$M_{AB} = -56.5 \times 0.8 \text{kN} \cdot \text{m} = -45.2 \text{kN} \cdot \text{m}$

$M_{BA} = 148.5 \times 0.8 \text{kN} \cdot \text{m} = -118.8 \text{kN} \cdot \text{m}$

跨中弯矩 $= [186.49 - (45.44 + 118.8)/2] \text{kN} \cdot \text{m} = (186.49 - 82) \text{kN} \cdot \text{m} = 104.37 \text{kN} \cdot \text{m}$；同理，二层跨中弯矩 $= 71.08 \text{kN} \cdot \text{m}$，一层跨中弯矩 $= 73.62 \text{kN} \cdot \text{m}$。

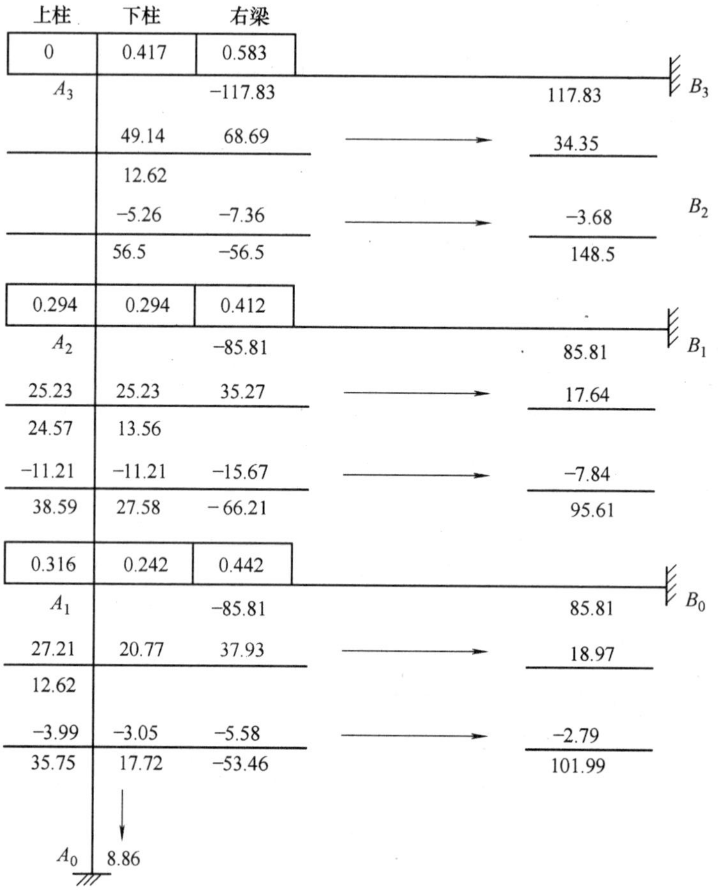

上柱	下柱	右梁
0	0.417	0.583

A_3 　　　　　　−117.83 　　　　　　　117.83 　B_3

　　　　　49.14　68.69 　　　→　　34.35

　　　　　12.62

　　　　　−5.26　−7.36 　　　→　　−3.68 　B_2

　　　　　56.5　−56.5 　　　　　　148.5

| 0.294 | 0.294 | 0.412 |

A_2 　　　　　　−85.81 　　　　　　　85.81 　B_1

25.23　25.23　35.27 　　　→　　17.64

24.57　13.56

−11.21　−11.21　−15.67 　　→　　−7.84

38.59　27.58　−66.21 　　　　　95.61

| 0.316 | 0.242 | 0.442 |

A_1 　　　　　　−85.81 　　　　　　　85.81 　B_0

27.21　20.77　37.93 　　　→　　18.97

12.62

−3.99　−3.05　−5.58 　　→　　−2.79

35.75　17.72　−53.46 　　　　　101.99

A_0　8.86

图 5-24　恒荷载作用下杆端弯矩计算

（3）梁端剪力计算。恒荷载作用下梁端剪力计算见表 5-21。

表 5-21　恒荷载作用下梁端剪力计算

层次	q_d/kN·m	l/m	$q_d \dfrac{L}{2}$/kN	$\sum M/l$/kN	总剪力/kN	
					$V_A = \dfrac{q_d l}{2} - \sum M/l$	$V_B = \dfrac{q_d l}{2} + \sum M/l$
3	32.46	6.6	107.12	11.12	96.00	118.24
2	23.64	6.6	78.01	3.32	74.69	81.33
1	23.64	6.6	78.01	5.88	72.13	83.89

（4）柱轴力计算。恒荷载作用下柱轴力计算见表 5-22。

表 5-22 恒荷载作用下柱轴力计算

柱号	层次	截面	横梁剪力/kN	纵梁传来的纵向框架梁承担的屋面节点集中横荷载值/kN	柱自重/kN	ΔN/kN	柱轴力/kN
A C	3	柱顶	96	112.69	29.61	208.69	208.69
		柱底				29.61	238.30
	2	柱顶	74.69	94.98	29.61	169.67	408.00
		柱底				29.61	437.58
	1	柱顶	72.13	94.98	38.78	167.11	604.70
		柱底				38.78	643.47
B	3	柱顶	118.24×2 = 236.48	147.38	29.61	383.86	383.86
		柱底				29.61	413.47
	2	柱顶	81.33×2 = 162.66	108.68	29.61	271.34	684.81
		柱底				29.61	714.42
	1	柱顶	83.89×2 = 167.78	108.68	38.78	276.46	990.88
		柱底				38.78	1029.66

恒荷载作用下③轴框架的内力如图 5-25 所示。

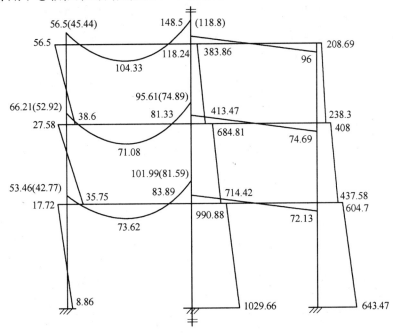

图 5-25 恒荷载作用下③轴框架的内力

注：括号内梁端弯矩为调幅后的数值，调幅系数为 0.8。

4. 活荷载作用下的内力计算

（1）活荷载作用下的弯矩计算。因本工程为商业批发楼，活荷载的分布比较均匀，所以活荷载的不利分布计算考虑满布法，内力计算可采用弯矩二次分配法，但对梁跨中弯矩乘以 1.1～1.2 的增大系数。

1）将框架梁上的梯形荷载转化为等效均布活荷载

三层

$$q_{3d} = (1 - 2\alpha^2 + \alpha^3)q_3 = (1 - 2 \times 0.455^2 + 0.455^3) \times 4.5 \text{kN/m} = 3.06 \text{kN/m}$$

一、二层

$$q_{2d} = q_{1d} = (1 - 2\alpha^2 + \alpha^3)q_1 = (1 - 2 \times 0.455^2 + 0.455^3) \times 21 \text{kN/m}$$
$$= 14.28 \text{kN/m}$$

2）固端弯矩计算

三层

$$M^F = \frac{q_{3d}l^2}{12} = -\frac{1}{12} \times 3.06 \times 6.6^2 \text{kN} \cdot \text{m} = -11.1 \text{kN} \cdot \text{m}$$

一、二层

$$M^F = \frac{q_{1d}l^2}{12} = -\frac{1}{12} \times 14.28 \times 6.6^2 \text{kN} \cdot \text{m} = -14.28 \text{kN} \cdot \text{m}$$

3）杆端弯矩计算。活荷载作用下杆端弯矩计算如图 5-26 所示。

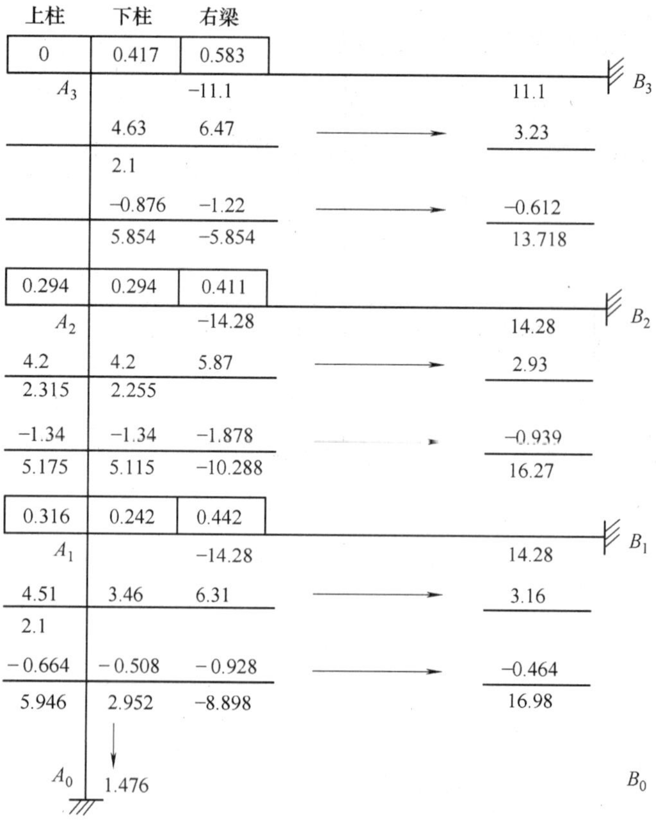

上柱	下柱	右梁	
0	0.417	0.583	
A_3	−11.1		11.1 B_3
	4.63	6.47	3.23
	2.1		
	−0.876	−1.22	−0.612
	5.854	−5.854	13.718
0.294	0.294	0.411	
A_2	−14.28		14.28 B_2
4.2	4.2	5.87	2.93
2.315	2.255		
−1.34	−1.34	−1.878	−0.939
5.175	5.115	−10.288	16.27
0.316	0.242	0.442	
A_1	−14.28		14.28 B_1
4.51	3.46	6.31	3.16
2.1			
−0.664	−0.508	−0.928	−0.464
5.946	2.952	−8.898	16.98
A_0	1.476		B_0

图 5-26 活荷载作用下杆端弯矩计算

4）活荷载作用下的框架梁跨中弯矩计算

$M_{3跨中} = 1.2 \times [-0.8^{\ominus}(5.85+10.98)/2 + 1/24 \times 4.51 \times 6.6^2 \times (3-4 \times 0.455^2)] \text{kN} \cdot \text{m}$
$= 13.27 \text{kN} \cdot \text{m}$

$M_{2跨中} = 1.2 \times [-0.8^{\ominus}(10.29+16.27)/2 + 1/24 \times 21 \times 6.6^2 \times (3-4 \times 0.455^2)] \text{kN} \cdot \text{m}$
$= 86.59 \text{kN} \cdot \text{m}$

$M_{1跨中} = 1.2 \times [-0.8^{\ominus}(8.9+16.98)/2 + 1/24 \times 21 \times 6.6^2 \times (3-4 \times 0.4545^2)] \text{kN} \cdot \text{m}$
$= 87 \text{kN} \cdot \text{m}$

（2）活荷载作用下的梁端剪力计算过程见表5-23。

表5-23　活荷载作用下的梁端剪力计算过程

层次	q_d /kN·m	l /m	$q\dfrac{L}{2}$ /kN	$\sum M/l$ /kN	总剪力/kN	
					$V_A = \dfrac{ql}{2} - \sum M/l$	$V_{B左} = \dfrac{ql}{2} + \sum M/l$
3	3.06	6.6	10.10	1.193/0.95	9.15	11.29
2	14.28	6.6	47.12	0.906/0.73	46.39	48.00
1	14.28	6.6	47.12	1.22/0.98	46.14	48.34

注：表内剪力按调幅前、后的大值取用。

（3）活荷载作用下柱轴力计算。活荷载作用下 A 柱轴力计算见表5-24。

表5-24　活荷载作用下 A 柱轴力计算

柱号	层次	截面	横梁剪力 /kN	纵梁传来的纵向框架梁承担的屋面节点集中横荷载值/kN	柱自重 /kN	ΔN /kN	柱轴力 /kN
A C	3	柱顶	9.15	6.75	0	15.90	15.90
		柱底				0	15.90
	2	柱顶	46.39	31.5	0	77.89	93.79
		柱底				0	93.79
	1	柱顶	46.14	31.5	0	77.64	171.43
		柱底				0	171.43
B	3	柱顶	11.29×2=22.58	13.5	0	36.08	36.08
		柱底				0	36.08
	2	柱顶	48×2=96	63	0	159.00	195.08
		柱底				0	195.08
	1	柱顶	48.34×2=96.68	63	0	159.68	354.76
		柱底				0	354.76

活荷载作用下的内力图如图5-27所示。

$\ominus$　0.8 为弯矩调幅系数。

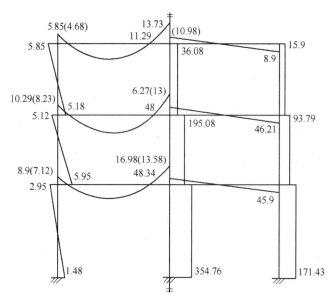

图 5-27 活荷载作用下的内力图

十、内力组合及调整

1. 框架梁的内力组合

在恒荷载和活荷载作用下，跨间 M_{max} 可近似取跨中的 M 代替

$$M_{max} = \frac{ql^2}{8} - (M_{左} + M_{右})/2$$

式中　$M_{左}$、$M_{右}$——分别为梁左右端弯矩（kN·m）。

跨中 M 若小于 $\frac{ql^2}{16}$，应取 $M = \frac{ql^2}{16}$。在竖向荷载与地震荷载组合时，跨间最大弯矩 M_{GE} 采用数解法计算，如图 5-28 所示。

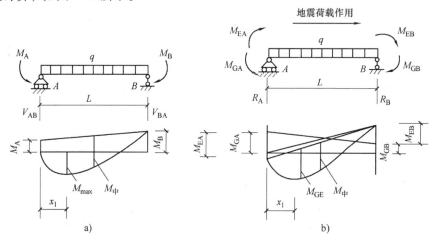

图 5-28　跨间最大弯矩

a）竖向荷载组合　b）竖向荷载与地震荷载组合

图中　M_{GA}、M_{GB}——竖向荷载作用下的梁端弯矩（kN·m）；

　　　M_{EA}、M_{EB}——地震荷载作用下的梁端弯矩（kN·m）；

　　　R_A、R_B——竖向荷载与地震荷载共同作用下的梁端反力（kN）。

对 R_B 作用点取矩，$R_A = qL/2 - 1/L(M_{GB} - M_{GA} + M_{EA} + M_{EB})$；$X$ 处的截面弯矩为 $M = R_{AX} - qx^2/2 - M_{GA} + M_{EA}$。由 $dM/dx = 0$ 可求得跨间 M_{max} 的位置为 $x_1 = R_A/q$，将 x_1 代入任一截面 x 处的弯矩表达式，可求得跨间最大弯矩为

$$M_{max} = M_{GE} = R_A^2/2q - M_{GA} + M_{EA} = qx^2/2 - M_{GA} + M_{EA}$$

当右震时，上式（支座反力、任意截面处弯矩、跨中最大弯矩）中的 M_{EA}、M_{EB} 符号相反。M_{GE} 及 x_1 的具体数值见表 5-25。

表 5-25　M_{GE} 及 x_1 的具体数值

层次	1.2（恒+0.5活）		1.3 地震		q /kN·m	l /m	R_A/kN		x_i/m		M_{GE}/kN·m	
	M_{GA} /kN·m	M_{GB} /kN·m	M_{EA} /kN·m	M_{EB} /kN·m			左震	右震	左震	右震	左震	右震
3	57.34	148.5	116	78.52	40.79	6.6	91.2	150.4	2.237	3.69	161.3	103.8
2	68.5	97.67	262	183.2	36.94	6.6	50.1	184.9	1.355	5	227.2	131.4
1	55.6	106.1	415	266.9	36.94	6.6	11	217.5	0.297	5.89	360	170.5

注：1. 当 $x_1 > l$ 或 $x_1 < 0$ 时，表示最大弯矩发生在支座处，应取 $x_1 = l$ 或 $x_1 = 0$，用 $M = R_{AX} - qx^2/2 - M_{GA} \pm M_{EA}$ 计算 M_{GE}。

2. 表中恒荷载与活荷载的组合，梁端弯矩取调幅后的数值。

3. 表中 q 值按 $1.2 \times$（恒+0.5活）计算。

框架梁内力组合见表 5-26。

表 5-26　框架梁内力组合

层次	位置	内力	荷载类别			竖向荷载组合	竖向荷载与地震荷载组合	
			恒荷载①	活荷载②	地震③	$1.2 \times ① + 1.4 \times ②$	$1.2 \times (① + 0.5 \times ②) \pm 1.3 \times ③$	
3	A_3 右	M	-45.44	-4.68	±89.66	-61.08	32.32	-147
		V	96	8.9	22.74	127.66	143.28	97.8
	B_3 左	M	-118.8	-10.98	±60.4	-157.93	-88.75	-209.6
		V	118.24	11.29	22.74	157.69	171.4	125.92
	跨中	M_{AB}	104.33	11.94	—	141.912	161.28	103.8
2	A_2 右	M	-52.97	-8.23	±201.45	-75.086	132.95	-269.95
		V	74.69	46.21	51.88	154.32	169.23	65.47
	B_2 左	M	-74.89	-13	±140.94	-108.07	43.27	-238.6
		V	81.33	48	51.88	164.8	178.3	74.52
	跨中	M_{AB}	71.08	86.59	—	206.52	227.23	131.43
1	A_1 右	M	-42.77	-7.12	±318.97	-61.3	263.37	-374.57
		V	72.13	45.9	79.04	150.8	193.14	35.06
	B_1 左	M	-81.59	-13.58	±205.3	-116.92	99.25	-311.37
		V	83.89	48.34	79.04	168.34	208.7	50.63
	跨中	M_{AB}	73.62	86.916	—	210.03	360	170.5

2. 框架柱内力组合

框架柱取每层柱顶和柱底两个控制截面，A 柱内力组合见表 5-27，B 柱内力组合见表 5-28。

表 5-27 *A* 柱内力组合

层次	位置	内力	荷载类别			竖向荷载组合	竖向荷载与地震荷载组合	
			恒荷载①	活荷载②	地震③	$1.2 \times ① + 1.4 \times ②$	$1.2 \times (① + 0.5 \times ②) \pm 1.3 \times ③$	
3	柱顶	M	56.5	5.854	±89.66	76	187.9	−45.24
		N	208.69	15.9	±22.74	272.7	290	231
	柱底	M	38.59	5.175	±64.93	53.55	133.8	−35
		N	238.3	15.9	±22.74	308	326	266
2	柱顶	M	27.58	5.115	±136.52	40.257	213.64	−141.31
		N	408	93.79	±74.62	621	643	449
	柱底	M	35.75	5.946	±121.07	51.22	203.86	−111
		N	437.58	93.79	±74.62	656.4	678.4	484.4
1	柱顶	M	17.72	2.952	±197.9	24.8	279.7	−234.83
		N	604.7	171.43	±154.06	965.6	1029	628.3
	柱底	M	8.86	1.476	±241.9	12.7	326	−302.95
		N	643.47	171.43	±154.06	1012.7	1075.2	675

表 5-28 *B* 柱内力组合

层次	位置	内力	荷载类别			竖向荷载组合	竖向荷载与地震荷载组合	
			恒荷载①	活荷载②	地震③	$1.2 \times ① + 1.4 \times ②$	$1.2 \times (① + 0.5 \times ②) \pm 1.3 \times ③$	
3	柱顶	M	0	0	±120.81	0	157.05	−157.05
		N	383.86	36.08	0	511	482	482
	柱底	M	0	0	±98.85	0	128.5	−128.5
		N	413.47	36.08	0	546.7	517.8	517.8
2	柱顶	M	0	0	±183.02	0	238	−238
		N	468.81	195.08	0	836	679.6	679.6
	柱底	M	0	0	±183.02	0	238	−238
		N	714.42	195.08	0	1130	974	974
1	柱顶	M	0	0	±183.02	0	238	−238
		N	990.9	354.76	0	1685	1402	1402
	柱底	M	0	0	±278.18	0	361.6	−361.6
		N	1029.6	354.76	0	1732	1448.4	1448.4

3. 内力调整

（1）强柱弱梁要求。根据《抗震规范》第6.2.2条，梁、柱节点处的柱端弯矩设计值应符合下式要求

$$\sum M_c = \eta_c \sum M_b$$

式中　$\sum M_c$ ——节点上下柱端截面顺时针或逆时针方向组合的弯矩设计值之和，上下柱端的弯矩设计值，可按弹性分析分配；

$\sum M_b$——节点左右梁端截面顺时针或逆时针方向组合的弯矩设计值之和；

η_c——柱端弯矩增大系数，一级取1.7；二级取1.5；三级取1.3。

梁、柱节点处柱端弯矩调整计算见表5-29。

表5-29　梁、柱节点处柱端弯矩调整计算

节点	组合	M_{cu} /kN·m	M_{cd} /kN·m	$\sum M_c$ /kN·m	M_b^l /kN·m	M_b^r /kN·m	$\eta_c \sum M_b$ /kN·m	M'_{cu} /kN·m	M'_{cd} /kN·m
A	$G+E$	203.86	279.7	483.56	0	263.37	395	166.55	228.48
	$G-E$	-111	-235	-346	0	-375	-562.5	-180.5	-382
B	$G+E$	238	238	476	99.25	311.4	616	308	308
	$G-E$	-238	-238	-476	-311	-99	-616	-308	-308

注：1. 表中 $M'_{cu} = \dfrac{M_{cu}}{\sum M_c}\eta_c \sum M_b$；$M'_{cd} = \dfrac{M_{cd}}{\sum M_c}\eta_c \sum M_b$，$M$ 使杆端顺时针转动为 " + "。

2. G 为重力荷载，E 为地震作用。

（2）强剪弱弯的要求。为保证梁、柱的延性，梁端及柱端的抗剪能力应大于抗弯能力。

1）《抗震规范》第6.2.4条规定，二级框架梁的梁端截面组合的剪力设计值应按下式调整

$$V = \eta_{vb}(M_b^l + M_b^r)/l_n + V_{Gb}$$

式中　V_{Gb}——梁在重力荷载代表值作用下，按简支梁分析的梁端截面剪力设计值（kN）；

M_b^l、M_b^r——分别为梁左右端逆时针或顺时针方向组合的弯矩设计值（kN·m）；

η_{vb}——梁端剪力增大系数，二级取1.2。

梁端剪力设计值调整计算见表5-30。

表5-30　梁端剪力设计值调整计算

杆件	组合	V_{Gb} /kN	l_n /m	M_b^l /kN·m	M_b^r /kN·m	$\eta_{vb}(M_b^l + M_b^r)/l_n$ 左	右	V/kN 左	右
A_1B_1	$G+E$	174.87	6.6	263.37	99.25	-71.3	71.3	103.5	246.2
	$G-E$	174.87	6.6	-374	-311	135	-135	309.8	39.87

注：1. $V_{Gb} = 1.2$（恒 +0.5 活）$l_n/2$，M 使杆端顺时针转动为 " + "。

2. G 为重力荷载，E 为地震作用。

2）《抗震规范》第6.2.5条规定，二级框架柱的剪力设计值应按下式调整

$$V = \eta_{vc}(M_c^b + M_c^t)/H_n$$

式中　M_c^b、M_c^t——分别为柱的上下端顺时针或逆时针方向截面组合的弯矩设计值；

η_{vc}——柱剪力增大系数，二级取1.2；

H_n——柱净高。

柱端剪力设计值调整计算见表5-31。

表 5-31 柱端剪力设计值调整计算

杆件	组合	H_n /m	M_c^t /kN·m	M_c^b /kN·m	$V = \eta_{vc}(M_c^b + M_c^t)/H_n$/kN	
					上	下
A_1A_0	$G+E$	4.85	279.7	326	162.35	162.35
	$G-E$	4.85	-234.8	-303	-144.1	-144.1
B_1B_0	$G+E$	4.85	238	361.6	160.3	160.3
	$G-E$	4.85	-238	-361.6	-160.3	-160.3

注: 1. M 使杆端顺时针转动为 " + ",V 使杆端顺时针转动为 " + "。

2. G 为重力荷载,E 为地震作用。

3) 底层柱柱底弯矩的调整,根据《抗震规范》第 6.2.3 条,二级框架结构的底层,柱下端截面组合的弯矩设计值,应乘以增大系数 1.5。底层柱纵向钢筋应按上下端的不利情况配置。

A 柱 $G+E$:$N = 1075.2 \times 1.5$kN $= 1612.8$kN

$G-E$:$N = 675 \times 1.5$kN $= 1012.5$kN

B 柱 $G+E$:$N = 1448.4 \times 1.5$kN $= 2172.6$kN

$G-E$:$N = 1448.4 \times 1.5$kN $= 2172.6$kN

十一、计算机复核(略)

本项目小结

1. 本项目主要介绍了多层钢筋混凝土结构房屋的主要结构体系及布置要求,介绍了钢筋混凝土结构房屋抗震设计的内容、步骤及要求。

设计步骤如下:根据设计方案,进行结构选型和布置;初步确定梁、柱截面尺寸,材料强度等级,以及结构抗震等级;计算荷载、结构刚度及自振周期;计算地震作用;多遇地震下的抗震变形验算;内力分析、内力组合;截面抗震验算;结构构件和非结构构件的抗震构造措施。

2. 多层钢筋混凝土结构房屋的水平地震作用一般可通过底部剪力法确定。

3. 为使房屋结构有良好的抗震性能,应尽可能设计成规则结构。

4. 地震区的框架结构应设计成延性框架,遵守"强柱弱梁、强剪弱弯、强节点弱杆件"等设计原则。

5. 框架梁设计的基本要求:梁端形成塑性铰后仍有足够的受剪承载力;梁筋屈服后,塑性铰区段应有良好的延性和耗能能力;应可靠解决梁筋锚固问题。

6. 框架柱的设计应遵循以下原则:强柱弱梁,使柱尽量不出现塑性铰;在弯曲破坏之前不发生剪切破坏,使柱有足够的抗剪能力;控制柱的轴压比不要过大;加强约束,配置必要的约束箍筋。

7. 框架节点的设计准则:节点的承载力不应低于其连接构件的承载力;梁、柱纵筋在节点区应有可靠的锚固。

能力拓展训练题

思考题

1. 钢筋混凝土结构房屋的震害主要有哪些表现？

2. 地震作用的计算方法有几种？底部剪力法的适用条件是什么？

3. 划分结构抗震等级的意义是什么？

4. 为什么要限制框架结构的最大高度和高宽比？

5. 钢筋混凝土框架结构的抗震等级如何确定？

6. 如何计算框架结构的自振周期？

7. 为什么要进行结构的侧移计算？框架结构的侧移计算包括哪几个方面？

8. 框架结构在水平荷载作用下的内力如何计算？在竖向荷载作用下的内力如何计算？

9. 如何进行框架结构的内力组合？

10. 什么是"强柱弱梁""强剪弱弯"？对结构抗震有何意义？

项目六　钢结构房屋抗震设计

【知识目标】

了解多层和高层钢结构房屋的特点和类型；熟悉钢结构体系抗震设计的布置要求。

【能力目标】

培养学生了解钢结构房屋的建造要求；掌握钢结构房屋抗震设计的基本内容和要求。

6.1　多高层钢结构民用建筑的特点

当建筑物的结构构件主要采用钢材时即称为钢结构房屋，其特点为：

（1）钢材的强度较高，作为结构构件时，所需的构件截面尺寸显著小于广泛使用的钢筋混凝土构件，从而减轻了结构的重量。

（2）钢材的延性较高，故钢结构的抗震性能要好于砌体结构和混凝土结构。

（3）钢结构房屋由于强度高、重量轻、抗震性能好，因此能建造比混凝土结构更高的房屋。

（4）钢结构的构件可在工厂中预先制作，在现场安装，因此主体结构施工速度很快。所有墙体均采用轻质材料，建筑物的重量较轻。

（5）钢结构房屋整个建筑物的重量比混凝土结构要轻许多，故其基础承受的重量减轻，可节省基础的造价；另外，建筑物的重量减轻后地震作用也会减小，可节省上部结构的材料，故高层建筑采用钢结构其综合经济效益可能比采用混凝土结构要好。

6.2　多高层钢结构民用建筑结构体系

6.2.1　多高层钢结构民用建筑的结构类型

多层钢结构的结构类型主要有框架结构、框架-支撑结构、钢框架-筒体结构等。

1. 框架结构

《抗震规范》第8.1.5条规定。

8.1.5　采用框架结构时，甲、乙类建筑和高层的丙类建筑不应采用单跨框架，多层的丙类建筑不宜采用单跨框架。

2. 框架-支撑结构

8.1.6　采用框架-支撑结构的钢结构房屋应符合下列规定：

1. 支撑框架在两个方向的布置均宜基本对称，支撑框架之间楼盖的长宽比不宜大于3。

2. 三、四级且高度不大于50m的钢结构宜采用中心支撑，也可采用偏心支撑、屈曲约束支撑等消能支撑。

3. 中心支撑框架宜采用交叉支撑，也可采用人字支撑或单斜杆支撑，不宜采用K形支撑；支撑的轴线宜交汇于梁、柱构件轴线的交点，偏离交点时的偏心距不应超过支撑杆件宽度，并应计入由此产生的附加弯矩。

4. 偏心支撑框架的每根支撑应至少有一端与框架梁连接，并在支撑与梁交点和柱之间或同一跨内另一支撑与梁交点之间形成消能梁段。

3. 钢框架-筒体结构

8.1.7　钢框架-筒体结构，必要时可设置由筒体外伸臂或外伸臂和周边桁架组成的加强层。

另外，当钢结构房屋设置地下室时，框架-支撑（或抗震墙板）结构中竖向连续布置的支撑（或抗震墙板）应延伸至基础，钢框架柱应至少延伸至地下一层，其竖向荷载应直接传至基础。高度超过50m的钢结构房屋应设置地下室。当采用天然地基时，基础埋深不宜小于房屋总高度的1/15。

6.2.2　多高层钢结构民用建筑结构体系抗震设计的布置要求

1. 结构布置的一般规定

（1）钢结构房屋需要设置防震缝时，缝宽应不小于相应钢筋混凝土结构房屋的1.5倍。

（2）按房屋的高度和烈度选用合适的结构类型。

（3）设置地下室时，框架-支撑（抗震墙板）结构中竖向连续布置的支撑（抗震墙板）应延伸至基础；钢框架柱应至少延伸至地下一层，其竖向荷载应直接传至基础。

（4）超过50m的钢结构房屋应设置地下室。其基础埋置深度，当采用天然地基时不宜小于房屋总高度的1/15；当采用桩基时，桩承台埋深不宜小于房屋总高度的1/20。

（5）楼板宜采用由压型钢板（或预应力混凝土薄板）与现浇混凝土叠合层组成的楼板；楼板与钢梁应采用栓钉或其他元件连接（图6-1），当楼板有较大或较多的开孔时，可增设水平钢支撑以加强楼板的水平刚度。

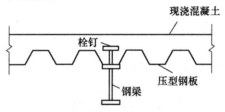

图6-1　楼板与钢梁的连接

2. 多高层钢结构房屋适用的最大高度

8.1.1　本章适用的钢结构民用房屋的结构类型和最大高度应符合表8.1.1的规定。平面和竖向均不规则的钢结构，适用的最大高度宜适当降低。

表8.1.1　钢结构房屋适用的最大高度　　（单位：m）

结 构 体 系	6、7度 (0.10g)	7度 (0.15g)	8度 (0.20g)	8度 (0.30g)	9度 (0.40g)
框架	110	90	90	70	50
框架-中心支撑	220	200	180	150	120
框架-偏心支撑（延性墙板）	240	220	200	180	160
筒体（框筒、筒中筒、桁架筒、束筒）和巨型框架	300	280	260	240	180

注：1. 房屋高度指室外地面到主要屋面板板顶的高度（不包括局部突出屋顶部分）。
　　2. 超过表内高度的房屋，应进行专门研究和论证，采取有效的加强措施。
　　3. 表内的筒体不包括混凝土筒。

3. 钢结构民用房屋的最大高宽比

8.1.2　本章适用的钢结构民用房屋的最大高宽比不宜超过表8.1.2的规定。

表8.1.2　钢结构民用房屋适用的撮大高宽比

烈度	6、7	8	9
最大高宽比	6.5	6.0	5.5

4. 钢结构房屋的抗震等级

8.1.3　钢结构房屋应根据设防分类、烈度和房屋高度采用不同的抗震等级，并应符合相应的计算和构造措施要求。丙类建筑的抗震等级应按表8.1.3确定。

表8.1.3　钢结构房屋的抗震等级

房 屋 高 度	烈　度			
	6	7	8	9
≤50m		四	三	二
>50m	四	三	二	一

6.3　单层钢结构厂房

针对钢柱、钢屋架或钢屋面梁承重的单层厂房，单层的轻型钢结构厂房的抗震设计，应符合专门的规定。

《抗震规范》第9.2.2条规定：

9.2.2　厂房的结构体系应符合下列要求：
　　1. 厂房的横向抗侧力体系，可采用刚接框架、铰接框架、门式刚架或其他结构体系。厂房的纵向抗侧力体系，8度、9度应采用柱间支撑；6度、7度宜采用柱间支撑，也可采用刚接框架。

2. 厂房内设有桥式起重机时，起重机梁系统的构件与厂房框架柱的连接应能可靠地传递纵向水平地震作用。

3. 屋盖应设置完整的屋盖支撑系统。屋盖横梁与柱顶铰接时，宜采用螺栓连接。

对于厂房的平面布置，《抗震规范》第9.2.3条规定：

9.2.3 厂房的平面布置、钢筋混凝土屋面板和天窗架的设置要求等，可参照本规范第9.1节单层钢筋混凝土柱厂房的有关规定。当设置防震缝时，其缝宽不宜小于单层混凝土柱厂房防震缝宽度的1.5倍。

本项目小结

近年来，钢结构在民用建筑、工业建筑领域得到广泛的应用，尤其是在高层建筑和高耸结构（如电视塔）上，都有很大的发展，同时，大跨度结构如体育馆等，也广泛应用。因此，在学习时，要注重钢结构的建造特点和构造做法，从而正确指导实际生产。

1. 多、高层钢结构民用建筑的特点：钢材的强度较高、结构重量轻；钢材的延性较高、结构抗震性能好；构件可在工厂中预先制作，施工速度快；整个建筑物的重量轻，其综合经济效益可能比混凝土结构优越。

2. 多、高层钢结构民用建筑的结构类型：多、高层钢结构的结构体系主要有框架结构、框架-支撑结构、钢框架-筒体结构等。

3. 多、高层钢结构民用建筑结构体系抗震设计的布置要求：包括防震缝宽、最大高度、高宽比、抗震等级、结构的规则性判断。

能力拓展训练题

一、思考题

1. 多高层钢结构民用建筑的特点有哪些？

2. 常见多高层钢结构民用建筑的结构类型有哪几种，它们各自的适用范围是什么？

3. 钢结构体系抗震设计的布置要求有哪几种，具体做法是什么？

二、练习题

【背景】结合工程实际，了解多高层钢结构民用建筑的连接做法和单层钢结构厂房的构造做法。通过与混凝土结构房屋的比较，总结钢结构建筑在实际施工中的特点。

项目七 单层钢筋混凝土柱厂房抗震设计

【知识目标】

了解单层钢筋混凝土柱厂房的震害特点及原因；了解单层钢筋混凝土柱厂房的选型和布置。

【能力目标】

熟悉单层钢筋混凝土柱厂房的主要抗震构造措施。

7.1 单层钢筋混凝土柱厂房震害特点

单层钢筋混凝土柱厂房指工业建筑中采用比较普遍的装配式单层钢筋混凝土柱厂房，且厂房内多设置桥式起重机。单层钢筋混凝土柱厂房的震害特点有以下几方面：6 度、7 度区主体结构完好，支撑体系基本完好，震害轻于同地区的民用建筑，震害易出现在维护墙体、天窗架、屋架、柱间支撑、天沟板等部位；在 8 度区，主体结构出现开裂损坏，有的严重开裂破坏，天窗架立柱开裂，屋盖与柱间支撑出现大面积的节点拉脱或杆件压曲，砖围护墙产生较重开裂，部分墙体局部倒塌，山墙顶部多数向外侧倒塌；在 9 度区（特别是 Ⅲ、Ⅳ 类场地），主体结构严重开裂破坏，屋盖破坏和局部倒塌，支撑体系大部分压曲，节点拉脱破坏，砌体围护结构大量倒塌；在 10 度、11 度区，许多厂房毁坏。

7.1.1 屋盖体系震害

1. 屋面板

由于屋面板端部的预埋件较小，且预应力屋面板的预埋件又未与板肋内的主钢筋焊接，再加上施工中有的屋面板搁置长度不足、屋顶板与屋架的焊点数量不足、焊接质量差、板间没有灌缝或灌缝质量很差等连接不牢的原因，造成地震时屋面板焊缝拉开，屋面板滑脱，以致部分或全部屋面板倒塌。

2. 天窗架

目前大量采用的门式天窗架，地震时震害较普遍。7 度区出现天窗架立柱与侧板连接处，以及立柱与天窗架垂直支撑连接处混凝土开裂的现象；8 度区上述裂缝贯穿全截面，天窗架立柱底部折断倒塌；9 度、10 度区门式天窗架大面积倾倒。门式天窗架的震害如此严重，主要原因是，门式天窗架突出在屋面上，受到经过主体建筑放大后的地震加速度影响而产生显著的鞭梢效应，天窗架突出屋面越多，地震作用就越大。特别是天窗架上的屋面板与屋架上的屋面板不在同一标高，在厂房纵向振动时产生高振型的影响，一旦支撑失效，地震作用全部由天窗架承受，而天窗架在本身平面外的刚度较差，强度低、联结弱，从而引起天窗架破坏。此外，天窗架垂直支撑布置不合理或不足，也是主要原因。图 7-1 为天窗架根部与天窗侧板连接处破坏。

3. 屋架

屋架的主要震害发生在屋架与柱的连接部位，如屋架与屋面板的焊接处出现混凝土开裂、预埋件拔出等。而当屋架与柱的连接发生破坏时，有可能导致屋架从柱顶塌落。当屋架高度较大，而两端又未设垂直支撑，或砖墙未能起到支撑作用时，屋架有可能发生倾倒。图 7-2、图 7-3 为组合屋架中间铰节点变形过大。

4. 支撑

在厂房支撑系统中，主要震害是支撑失稳弯曲，进而造成屋面的破坏或屋面倒塌。

图 7-1　天窗架根部与天窗侧板连接处破坏

图 7-2　组合屋架中间铰节点变形过大（一）

图 7-3　组合屋架中间铰节点变形过大（二）

7.1.2　柱与柱间支撑震害

钢筋混凝土柱在 7 度区基本完好；在 8 度、9 度区一般破坏较轻，个别发现有上柱根部折断；在 10 度、11 度区有部分厂房发生倾倒。钢筋混凝土柱的破坏主要发生在上柱与下柱的变截面处，由于截面刚度突然变化产生应力集中，从而出现水平裂缝、酥裂或折断。有柱间支撑的厂房，在 8 度以上地区，柱间支撑有可能被压屈，甚至在柱的根部将柱剪断，钢筋折弯错位。高低跨厂房中支撑高低跨屋架的中柱，由于高振型的影响受两侧屋盖相反的地震作用的冲击，发生弯曲或剪切裂缝。

图 7-4、图 7-5 为柱间支撑与柱子连接破坏。其主要原因为柱间支撑与预埋件的连接焊缝强度不足，预埋件锚板厚度太小、刚度不足，锚筋与锚板连接强度不足。

图 7-6、图 7-7 为柱支撑交叉点节点板破坏。其主要原因为柱间支撑交叉点节点板和杆件的焊缝削弱了节点板的强度，节点板的尺寸偏小。

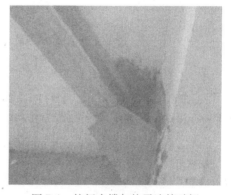

图 7-4　柱间支撑与柱子连接破坏

图 7-5　柱间支撑与柱子连接破坏　　　　　　　图 7-6　柱间支撑交叉点节点板破坏

7.1.3　围护墙震害

　　围护墙是单层厂房在地震作用下最易出现震害的部位。7 度区，围护墙基本完好或者轻微破坏，少量开裂或向外侧偏出；8 度区，发展为局部墙体的倒塌；9 度区则发生大面积墙体的严重开裂或倒塌。纵、横墙的破坏，一般从檐口、山墙的山尖处脱离主体结构开始，进一步使整个墙体或上下两层圈梁间的墙体向外侧倾倒或产生水平裂缝。严重时，局部脱落，甚至发生大面积的倒塌。围护墙体破坏的原因主要是，墙体与屋盖构件及厂房柱缺乏牢固锚拉，且砌体强度不足，墙体在地震时自成振动体系，位于上部的墙体（如山墙的山尖处）处于悬臂状态。此外，不等高厂房的高跨封闭墙发生倒塌破坏时，伸缩缝两侧的砖墙由于缝宽较小而往往发生相互撞击，造成局部破坏。

　　图 7-8 为女儿墙裂缝。其主要原因为女儿墙和屋面板的连接不足，屋面及女儿墙未做保温或保温效果不好。

图 7-7　柱间支撑交叉点节点板破坏　　　　　　　图 7-8　女儿墙裂缝

　　图 7-9 为高低跨封墙严重裂缝。其主要原因为圈梁间距过大，或者可能未设置圈梁；墙体和柱子缺少钢筋连接。

图 7-10 为厂房内隔墙 X 形裂缝。

图 7-9 高低跨封墙严重裂缝

图 7-10 厂房内隔墙 X 形裂缝

7.2 单层钢筋混凝土柱厂房结构选型与布置

7.2.1 结构选型

1. 装配式单层钢筋混凝土柱厂房结构布置

（1）多跨厂房宜等高和等长，高低跨厂房不宜采用一端开口的结构布置。

（2）厂房的贴建房屋和构筑物，不宜布置在厂房角部和紧邻防震缝处。

（3）厂房体型复杂或有贴建的房屋和构筑物时，宜设防震缝；在厂房纵、横跨交接处，大柱网厂房（不小于 12m）或不设柱间支撑的厂房，防震缝宽度可采用 100～150mm，其他情况可采用 50～90mm。

（4）两个主厂房之间的过渡跨至少应有一侧采用防震缝与主厂房脱开。

（5）厂房内上起重机的铁梯不应靠近防震缝设置；多跨厂房各跨上起重机的铁梯不宜设置在同一横向轴线附近。

（6）厂房内的工作平台、刚性工作间宜与厂房主体结构脱开。

（7）厂房的同一结构单元内，不应采用不同的结构形式；厂房端部应设屋架，不应采用山墙承重；厂房单元内不应采用横墙和排架混合承重。

（8）厂房柱距宜相等，各柱列的侧向刚度宜均匀，当有抽柱时，应采取抗震加强措施。

2. 厂房天窗架的设置

（1）天窗宜采用突出屋面较小的避风型天窗，有条件或 9 度时宜采用下沉式天窗。

（2）突出屋面的天窗宜采用钢天窗架；6～8 度时，可采用矩形截面杆件的钢筋混凝土天窗架。

（3）天窗架不宜从厂房结构单元第一开间开始设置；8 度和 9 度时，天窗架宜从厂房单元端部第三柱间开始设置。

（4）天窗屋盖、端壁板和侧板，宜采用轻型板材；不应采用端壁板代替端天窗架。

3. 厂房屋架的设置

（1）厂房宜采用钢屋架或重心较低的预应力混凝土、钢筋混凝土屋架。

（2）跨度不大于15m时，可采用钢筋混凝土屋面梁。

（3）跨度大于24m，或8度Ⅲ、Ⅳ类场地和9度时，应优先采用钢屋架。

（4）柱距为12m时，可采用预应力混凝土托架（梁）；当采用钢屋架时，也可采用钢托架（梁）。

（5）有突出屋面天窗架的屋盖不宜采用预应力混凝土或钢筋混凝土空腹屋架。

（6）8度（0.30g）和9度时，跨度大于24m的厂房不宜采用大型屋面板。

4. 厂房柱的设置

（1）8度和9度时，宜采用矩形、工字形截面柱或斜腹杆双肢柱，不宜采用薄壁工字形柱、腹板开孔工字形柱、预制腹板的工字形柱和管柱。

（2）柱底至室内地坪以上500mm范围内和阶形柱的上柱宜采用矩形截面。

5. 单层钢筋混凝土柱厂房的围护墙和隔墙要求

（1）厂房的围护墙宜采用轻质墙板或钢筋混凝土大型墙板，砌体围护墙应采用外贴式并与柱可靠拉结；外侧柱距为12m时应采用轻质墙板或钢筋混凝土大型墙板。

（2）刚性围护墙沿纵向宜均匀对称布置，不宜一侧为外贴式，另一侧为嵌砌式或开敞式；不宜一侧采用砌体墙一侧采用轻质墙板。

（3）不等高厂房的高跨封墙和纵、横向厂房交接处的悬墙宜采用轻质墙板，6度、7度采用砌体时不应直接砌在低跨屋面上。

（4）砌体围护墙在下列部位应设置现浇钢筋混凝土圈梁：

1）梯形屋架端部上弦和柱顶的标高处应各设一道，但屋架端部高度不大于900mm时可合并设置。

2）应按上密下稀的原则每隔4m左右在窗顶增设一道圈梁，不等高厂房的高低跨封墙和纵墙跨交接处的悬墙，圈梁的竖向间距不应大于3m。

3）山墙沿屋面应设钢筋混凝土卧梁，并应与屋架端部上弦标高处的圈梁连接。

6. 圈梁的构造要求

（1）圈梁宜闭合，圈梁截面宽度宜与墙厚相同，截面高度不应小于180mm；圈梁的纵筋，6~8度时不应少于4ϕ12，9度时不应少于4ϕ14。

（2）厂房转角处柱顶圈梁在端开间范围内的纵筋，6~8度时不宜少于4ϕ14，9度时不宜少于4ϕ16，转角两侧各1m范围内的箍筋直径不宜小于ϕ8，间距不宜大于100mm；圈梁转角处应增设不少于3根且直径与纵筋相同的水平斜筋。

（3）圈梁应与柱或屋架牢固连接，山墙卧梁应与屋面板拉结；顶部圈梁与柱或屋架连接的锚拉钢筋不宜少于4ϕ12，且锚固长度不宜少于35倍钢筋直径，防震缝处圈梁与柱或屋架的拉结宜加强。

7. 其他要求

（1）墙梁宜采用现浇，当采用预制墙梁时，梁底应与砖墙顶面牢固拉结并应与柱锚拉；厂房转角处相邻的墙梁，应相互可靠连接。

（2）砌体隔墙与柱宜脱开或柔性连接，并应采取措施使墙体稳定，隔墙顶部应设现浇钢筋混凝土压顶梁。

（3）砖墙的基础，8度Ⅲ、Ⅳ类场地和9度时，预制基础梁应采用现浇接头；当另设条形基础时，在柱基础顶面标高处应设置连续的现浇钢筋混凝土圈梁，其配筋不应少于4φ12。

（4）砌体女儿墙高度不宜大于1m，且应采取措施防止地震时倾倒。

7.2.2　结构布置原则

1. 有檩屋盖构件的连接及支撑布置

本节所述的有檩屋盖是指在钢屋架上铺设檩条，在檩条上铺设波形瓦（石棉瓦及槽瓦）的屋盖（属于轻屋盖）。震害表明，有檩屋盖只要设置保证整体刚度的支撑体系，屋面瓦与檩条间，以及檩条与屋架间有牢固的拉结，一般均具有一定的抗震能力。具体措施如下：

（1）檩条应与混凝土屋架（屋面梁）焊牢，并应有足够的支撑长度。

（2）双脊檩应在跨度1/3处相互拉结。

（3）压型钢板应与檩条可靠连接，瓦楞铁、石棉瓦等应与檩条拉结。

（4）支撑布置宜符合表7-1的要求。

表7-1　有檩屋盖的支撑布置

支撑名称		烈度		
		6、7	8	9
屋架支撑	上弦横向支撑	单元端开间各设一道	单元端开间及单元长度大于66m的柱间支撑开间各设一道 天窗开洞范围的两端各增设局部的支撑一道	单元端开间及单元长度大于42m的柱间支撑开间各设一道 天窗开洞范围的两端各增设局部的上弦横向支撑一道
	下弦横向支撑	同非抗震设计		
	跨中竖向支撑			
	端部竖向支撑	屋架端部高度大于900mm时，单元端开间及柱间支撑开间各设一道		
天窗架支撑	上弦横向支撑	单元天窗端开间各设一道	单元天窗端开间及每隔30m各设一道	单元天窗端开间及每隔18m各设一道
	两侧竖向支撑	单元天窗端开间及每隔36m各设一道		

2. 无檩屋盖构件的连接及支撑布置

无檩屋盖指各类不用檩条的钢筋混凝土屋面板与屋架（梁）组成的屋盖（属于重屋盖）。震害表明：无檩屋盖厂房结构抗震的关键是各构件间相互联成整体。设置屋盖支撑是保证屋盖整体性的重要抗震措施。具体措施如下：

（1）大型屋面板应与屋架（屋面梁）焊牢，靠柱列的屋面板与屋架（屋面梁）的连接焊缝长度不宜小于80mm。

（2）6度和7度时有天窗厂房单元的端开间，或8度和9度时各开间，宜将垂直屋架方向两侧相邻的大型屋面板的顶面彼此焊牢。

（3）8度和9度时，大型屋面板端头底面的预埋件宜采用角钢并与主筋焊牢。

（4）非标准屋面板宜采用装配整体式接头，或将板四角切掉后与屋架（屋面梁）焊牢。

（5）屋架（屋面梁）端部顶面预埋件的锚筋，8度时不宜少于4Φ10，9度时不宜少于4Φ12。

（6）支撑的布置宜符合表7-2的要求，有中间井式天窗时宜符合表7-3的要求；8度和9度跨度不大于15m的厂房屋盖采用屋面梁时，可仅在厂房单元两端各设竖向支撑一道；单坡屋面梁的屋盖支撑布置，宜按屋架端部高度大于900mm的屋盖支撑布置执行。

表7-2　无檩屋盖的支撑布置

支撑名称			烈度		
			6、7	8	9
屋架支撑	上弦横向支撑		屋架跨度小于18m时同非抗震设计，跨度不小于18m时在厂房单元端开间各设一道	单元端开间及柱间支撑开间各设一道，天窗开洞范围的两端各增设局部的支撑一道	
	上弦通长水平系杆		同非抗震设计	沿屋架跨度不大于15m设一道，但装配整体式屋面可仅在天窗开洞范围内设置　围护墙在屋架上弦高度有现浇圈梁时，其端部处可不另设	沿屋架跨度不大于12m设一道，但装配整体式屋面可仅在天窗开洞范围内设置　围护墙在屋架上弦高度有现浇圈梁时，其端部处可不另设
	下弦横向支撑			同非抗震设计	同上弦横向支撑
	跨中竖向支撑				
	两端竖向支撑	屋架端部高度≤900mm		单元端开间各设一道	单元端开间及每隔48m各设一道
		屋架端部高度>900mm	单元端开间各设一道	单元端开间及柱间支撑开间各设一道	单元端开间、柱间支撑开间及每隔30m各设一道
天窗架支撑	天窗两侧竖向支撑		厂房单元天窗端开间及每隔30m各设一道	厂房单元天窗端开间及每隔24m各设一道	厂房单元天窗端开间及每隔18m各设一道
	上弦横向支撑		同非抗震设计	天窗跨度≥9m时，单元天窗端开间及柱间支撑开间各设一道	单元端开间及柱间支撑开间各设一道

表7-3　中间井式天窗无檩屋盖支撑布置

支撑名称	6度、7度	8度	9度
上弦横向支撑　下弦横向支撑	厂房单元端开间各设一道	厂房单元端开间及柱间支撑开间各设一道	
上弦通长水平系杆	天窗范围内屋架跨中上弦节点处设置		
下弦通长水平系杆	天窗两侧及天窗范围内屋架下弦节点处设置		
跨中竖向支撑	有上弦横向支撑开间设置，位置与下弦通长系杆相对应		

（续）

支 撑 名 称		6 度、7 度	8 度	9 度
两端竖向支撑	屋架端部高度 ≤900mm	同非抗震设计		有上弦横向支撑开间,且间距不大于 48m
	屋架端部高度 >900mm	厂房单元端开间各设一道	有上弦横向支撑开间,且间距不大于 48m	有上弦横向支撑开间,且间距不大于 30m

3. 屋盖支撑应符合的要求

（1）天窗开洞范围内,在屋架脊点处应设上弦通长水平压杆;8 度Ⅲ、Ⅳ类场地和 9 度时,梯形屋架端部上节点应沿厂房纵向设置通长水平压杆。

（2）屋架跨中竖向支撑在跨度方向的间距,6～8 度时不大于 15m,9 度时不大于 12m;当仅在跨中设一道时,应设在跨中屋架屋脊处;当设二道时,应在跨度方向均匀布置。

（3）屋架上下弦通长水平系杆与竖向支撑宜配合设置。

（4）柱距不小于 12m 且屋架间距 6m 的厂房,托架（梁）区段及其相邻开间应设下弦纵向水平支撑。

（5）屋盖支撑杆件宜用型钢。

4. 混凝土屋架的截面和配筋要求

（1）屋架上弦第一节间和梯形屋架端竖杆的配筋,6 度和 7 度时不宜少于 4 ϕ 12,8 度和 9 度时不宜少于 4 ϕ 14。

（2）梯形屋架端竖杆的截面宽度宜与上弦宽度相同。

（3）拱形和折线形屋架上弦端部支撑屋面板的小立柱,截面不宜小于 200mm × 200mm,高度不宜大于 500mm,主筋宜采用 Ⅱ 形,6 度和 7 度时不宜少于 4 ϕ 12,8 度和 9 度时不宜少于 4 ϕ 14;箍筋可采用 ϕ 6,间距不宜大于 100mm。

5. 厂房柱子的箍筋要求

（1）下列范围内柱的箍筋应加密:

1）柱头,取柱顶以下 500mm 并不小于柱截面长边尺寸。

2）上柱,取阶形柱自牛腿面至起重机梁顶面以上 300mm 高度范围内。

3）牛腿（柱肩）,取全高。

4）柱根,取下柱柱底至室内地坪以上 500mm。

5）柱间支撑与柱连接节点和柱变位受平台等约束的部位,取节点上下各 300mm。

（2）加密区箍筋间距不应大于 100mm,箍筋肢距和最小直径应符合表 7-4 的规定。

表 7-4 柱加密区箍筋最大肢距和最小箍筋直径

烈度和场地类别		6 度和 7 度Ⅰ、Ⅱ类场地	7 度Ⅲ、Ⅳ类场地和 8 度Ⅰ、Ⅱ类场地	8 度Ⅲ、Ⅳ类场地和 9 度
箍筋最大肢距/mm		300	250	200
箍筋最小直径	一般柱头和柱根	ϕ 6	ϕ 8	ϕ 8（ϕ 10）
	角柱柱头	ϕ 8	ϕ 10	ϕ 10
	上柱牛腿和有支撑的柱根	ϕ 8	ϕ 8	ϕ 10
	有支撑的柱头和柱变位受约束部位	ϕ 8	ϕ 10	ϕ 12

注:括号内数值用于柱根。

（3）厂房柱侧向受约束且剪跨比不大于2的排架柱，柱顶预埋钢板和柱箍筋加密区的构造还应符合下列要求：

1）柱顶预埋钢板沿排架平面方向的长度，宜取柱顶的截面高度，且不得小于截面高度的1/2及300mm。

2）屋架的安装位置，宜减小在柱顶的偏心，其柱顶轴向力的偏心距不应大于截面高度的1/4。

3）柱顶轴向力排架平面内的偏心距在截面高度的1/6～1/4范围内时，柱顶箍筋加密区的箍筋体积配筋率：9度不宜小于1.2%；8度不宜小于1.0%；6度、7度不宜小于0.8%。

4）加密区箍筋宜配置四肢箍，肢距不大于200mm。

6. 大柱网厂房柱的截面和配筋构造

大柱网厂房的震害特征：柱根出现对角破坏，混凝土酥碎剥落，纵筋压屈；中柱的破坏率和破坏程度均大于边柱，说明柱的破坏与其轴压比有关；大柱网厂房柱承受双向压、弯、剪的共同作用且P-Δ效应明显，受力复杂。大柱网厂房柱的截面和配筋构造应符合下列要求：

（1）柱截面宜采用正方形或接近正方形的矩形，边长不宜小于柱全高的1/18～1/16。

（2）重屋盖厂房地震组合的柱轴压比，6度、7度时不宜大于0.8，8度时不宜大于0.7，9度时不应大于0.6。

（3）纵向钢筋宜沿柱截面周边对称配置，间距不宜大于200mm，角部宜配置直径较大的钢筋。

（4）柱头和柱根的箍筋应加密，并应符合下列要求：

1）加密范围，柱根取基础顶面至室内地坪以上1m，且不小于柱全高的1/6；柱头取柱顶以下500mm，且不小于柱截面长边尺寸。

2）箍筋直径、间距和肢距，应符合《抗震规范》第9.1.20条的规定。

7. 山墙抗风柱的配筋要求

（1）抗风柱柱顶以下300mm和牛腿（柱肩）面以上300mm范围内的箍筋，直径不宜小于6mm，间距不应大于100mm，肢距不宜大于250mm。

（2）抗风柱的变截面牛腿（柱肩）处，宜设置纵向受拉钢筋。

8. 厂房柱间支撑的设置和构造

（1）厂房柱间支撑的布置，应符合下列要求：

1）一般情况下，应在厂房单元中部设置上下柱间支撑，且下柱支撑应与上柱支撑配套设置。

2）有起重机或8度和9度时，宜在厂房单元两端增设上柱支撑。

3）厂房单元较长或8度Ⅲ、Ⅳ类场地和9度时，可在厂房单元中部1/3区段内设置两道柱间支撑。

（2）柱间支撑应采用型钢，支撑形式宜采用交叉式，其斜杆与水平面的交角不宜大于55°。

（3）支撑杆件的长细比，不宜超过表7-5的规定。

（4）下柱支撑的下节点位置和构造措施，应保证将地震作用直接传给基础；当6度和7度（0.1g）不能直接传给基础时，应计及支撑对柱和基础的不利影响并采取加强措施。

表 7-5　交叉支撑斜杆的最大长细比

位置	烈度			
	6 度和 7 度 Ⅰ、Ⅱ类场地	7 度Ⅲ、Ⅳ类场地和 8 度Ⅰ、Ⅱ类场地	8 度Ⅲ、Ⅳ类场地和 9 度Ⅰ、Ⅱ类场地	9 度Ⅲ、Ⅳ类场地
上柱支撑	250	250	200	150
下柱支撑	200	150	120	120

（5）交叉支撑在交叉点应设置节点板，其厚度不应小于 10mm，斜杆与交叉节点板应焊接，与端节点板宜焊接。

8 度时跨度不小于 18m 的多跨厂房中柱和 9 度时多跨厂房各柱，柱顶宜设置通长水平压杆，此压杆可与梯形屋架支座处的通长水平系杆合并设置，钢筋混凝土系杆端头与屋架间的空隙应采用混凝土填实。

9. 厂房结构构件的连接节点要求

（1）屋架（屋面梁）与柱顶的连接，8 度时宜采用螺栓，9 度时宜采用钢板铰，也可采用螺栓；屋架（屋面梁）端部支撑垫板的厚度不宜小于 16mm。

（2）柱顶预埋件的锚筋，8 度时不宜少于 4 Φ 14，9 度时不宜少于 4 Φ 16；有柱间支撑的柱子，柱顶预埋件还应增设抗剪钢板。

（3）山墙抗风柱的柱顶，应设置预埋板，使柱顶与端屋架的上弦（屋面梁上翼缘）可靠连接。连接部位应位于上弦横向支撑与屋架的连接点处，不符合时可在支撑中增设次腹杆或设置型钢横梁，将水平地震作用传至节点部位。

（4）支撑低跨屋盖的中柱牛腿（柱肩）的预埋件，应与牛腿（柱肩）中按计算承受水平拉力部分的纵向钢筋焊接，且焊接的钢筋，6 度和 7 度时不应少于 2 Φ 12，8 度时不应少于 2 Φ 14，9 度时不应少于 2 Φ 16。

（5）柱间支撑与柱连接节点预埋件的锚件，8 度Ⅲ、Ⅳ类场地和 9 度时，宜采用角钢加端板，其他情况可采用不低于 HRB335 级的热轧钢筋，但锚固长度不应小于 30 倍锚筋直径或增设端板。

（6）厂房中的起重机走道板、端屋架与山墙间的填充小屋面板、天沟板、天窗端壁板和天窗侧板下的填充砌体等构件应与支撑结构有可靠的连接。

本项目小结

1. 单层钢筋混凝土柱厂房震害特点，主要包括屋盖体系震害、柱与柱间支撑震害和围护墙震害。随着地震烈度的增加，厂房震害越严重。

2. 单层钢筋混凝土柱厂房结构选型：优选轻质高强的结构形式，并应注意以下几个方面的抗震构造措施。①装配式单层钢筋混凝土柱厂房的结构布置；②厂房天窗架的设置；③厂房屋架的设置；④厂房柱的设置；⑤单层钢筋混凝土柱厂房的围护墙和隔墙设置；⑥圈梁的构造要求；⑦墙梁的设置；⑧砌体隔墙的设置；⑨砖墙基础构造要求；⑩砌体女儿墙的设置。

3. 单层钢筋混凝土柱厂房抗震构造措施的主要目的是加强结构整体性，应注意以下三点：①重视连接节点设计，防止节点破坏先于构件，并防止脆性破坏；②确保支撑体系传力合理，保证结构整体稳定；③提高薄弱构件延性，避免结构局部构件破坏导致厂房严重破坏或倒塌。

能力拓展训练题

思考题

1. 单层钢筋混凝土柱厂房的震害特点有哪些？试分析产生各种震害的原因。
2. 简述单层钢筋混凝土柱厂房的结构选型与布置。
3. 简述厂房柱间支撑的设置和构造。

项目八　隔震与消能减震设计

【知识目标】

了解隔震与消能减震的概念和基本原理，了解隔震与消能减震技术在实际工程中的做法与应用，加深对隔震房屋和消能减震房屋的理解。

【能力目标】

培养学生对隔震与消能减震房屋具体做法的认识和理解。

8.1　隔震的基本原理

8.1.1　概述

结构隔震、消能减震方法的研究和应用开始于 20 世纪 60 年代，20 世纪 70 年代开始发展速度很快。这种积极的结构抗震方法与传统的消极抗震方法相比，有以下优点：

（1）能显著减小结构所受的地震作用，从而可降低结构造价，提高结构抗震的可靠度。此外，隔震方法能够较准确地控制传到结构上的最大地震力，从而克服了设计结构构件时难以准确确定荷载的困难。

（2）能显著减小结构在地震作用下的变形，保证非结构构件不受地震破坏，从而减少震后的维修费用。

（3）隔震、减震装置即使在震后产生较大的永久变形或损坏，其复位、更换和维修更方便、经济。

（4）用于高技术精密加工设备、核工业设备等的结构物，只能用隔震、减震的方法满足严格的抗震要求。

8.1.2　基本原理

（1）隔震是指在建筑物或构筑物的地基中、上部结构与基础之间或上部结构中设置控制机构来隔离或耗散地震能量，以避免或减少地震能量向上部结构的传输，使结构的振动反应减轻，实现地震时建筑物只发生较轻微的运动和变形的目标，从而保障建筑物的安全。随着科技的发展，这种技术越来越受到人们的重视。

总的来说，隔震的基本原理有如下两点：

1）延长结构的基本自振周期，使其远离场地的卓越周期，使结构的基频处于地震能量高的频段之外，从而有效地降低建筑物的输入加速度，从而达到减震的作用。

2）适当增大橡胶支座的阻尼，以更多地吸收传入结构的地震能量，抑制地震波中的长周期成分可能给建筑物带来的大变形。

（2）隔震系统一般由隔震器、阻尼器、微震与风振控制装置组成。

隔震器的主要作用：一方面在竖向承受建筑物的自重与竖向活荷载；另一方面在水平方向具有弹性，能提供一定的水平刚度，可延长建筑物的自振周期，减小建筑物的地震反应。

阻尼器的主要作用：具有吸收、耗散地震能量的能力，可抑制结构产生较大的位移反应。

微震与风振控制装置的主要作用：增加隔震系统的初始刚度，使建筑物在风荷载或轻微地震作用下保持稳定。

（3）按隔震层设置位置的不同，隔震技术可分为以下 3 类：

1）地基隔震。地基隔震可分为绝缘和屏蔽。绝缘是在地基自身中降低输入加速度，从而达到隔震的目的。软弱地基或人工地基等较软的地基具有降低输入加速度的性质。屏蔽是在建筑物周围挖深沟或埋入屏蔽板等将卓越长周期的剪切波（S 波）屏蔽掉，但不能屏蔽直下型输入波。

2）基础隔震。基础隔震是在上部结构与基础之间安装隔震系统，将基础和上部结构隔离开来，以减少水平地面运动向上部结构的传递，从而达到减小上部结构振动的目的。基础隔震基本模式如图 8-1 所示。

3）上部结构隔震。上部结构隔震分为能量吸收和附加振动体两种形式。能量吸收是在建筑物的任意层设置弹塑性阻尼器、黏性体阻尼器、黏滞阻尼器或摩擦阻尼器等各种阻尼器以吸收地震能量。附加振动体是在建筑物的任意层上加设振动体，构成新的振动体系，将振动由结构物本身向附加振动体转移。

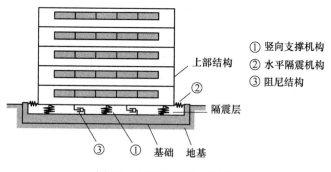

图 8-1　基础隔震基本模式

由以上内容可知，隔震结构与传统抗震结构有着不同的设计理念，表 8-1 为采用隔震房屋和传统抗震房屋的设计理念对比。

表 8-1　采用隔震房屋和传统抗震房屋的设计理念对比

项目	抗震房屋	隔震房屋
结构体系	上部结构和基础牢牢连接	削弱上部结构与基础的有关连接
科学思想	提高结构自身的抗震能力	隔离地震能量向建筑物的输入
措施	强化结构的刚度和延性	滤波

8.2　隔震技术的应用范围和适用条件

8.2.1　隔震技术的应用范围

现阶段的隔震技术主要用于外形基本规则的低层和多层建筑结构。对于不隔震时基本周期小于1.0s的建筑结构减震效果与经济性均较好，对于高层建筑结构效果较差。对于外形复杂的建筑物采用隔震技术时，宜通过模型试验确定。

建筑结构采用隔震设计时应符合下列要求：结构高宽比宜小于4，且不应大于相关规范对非隔振结构的具体规定；高宽比大于4或非隔震结构相关规定的结构采用隔震设计时，应进行专门研究。

建筑场地宜为Ⅰ、Ⅱ、Ⅲ类，并应选用稳定性较好的基础类型。硬土场地较适合于隔震建筑；软弱场地滤掉了地震波的中高频分量且延长了结构的自振周期，有可能增大而不是减小其地震反应。

根据橡胶隔震支座抗拉性能差的特点，需限制非地震作用的水平荷载（包括风荷载），其标准值产生的总水平力不宜超过结构总重量的10%，以保证隔震结构具有可靠的抗倾覆能力。

8.2.2 隔震技术的适用条件

（1）隔震实际上会使原有结构的自振周期延长，在下列情况下不宜采用隔震技术：

1）基础土层不稳定。

2）下部结构柔性大，原有结构的固有周期比较长。

3）位于软弱场地，延长周期可能引起共振。

4）支座中出现负反力。

（2）隔震装置必须具有足够的初始刚度，以满足正常使用要求。当强震发生时，装置柔性消震，体系进入消能状态。

（3）隔震装置能使结构在基础面上柔性滑动，这会导致在地震时产生很大的位移。为限制结构的位移反应，隔震装置应提供较大的阻尼，具有较大的消能能力。

8.3 隔震房屋

采用铅芯阻尼橡胶支座，能够延长低层和多层结构的自振周期，通过隔震支座的大变形来减小其上部结构的水平地震作用，从而减少地震破坏。

一般来说，隔震技术应用较为广泛，且能获得较好的隔震效果。考虑结构的安全性、房屋内部物品的振动翻倒、防止构件二次损坏等因素，适合采用隔震技术的建筑物有：住宅（居民住宅、养老院、疗养院）、公共建筑（剧院、医院、旅馆）、防灾中心建筑（学校、消防局）、核电设施（核电站）、尖端产业设施（研究所、超精密加工厂）、纪念性建筑物（纪念建筑、寺庙）等。

用隔震技术对已有建筑物进行抗震加固具有以下优越性：

（1）能够有效地减小结构的地震反应，提高建筑结构的抗震能力。

（2）不影响上部建筑结构的正常使用。

（3）既能保护结构本身，也能保护结构内部的装饰、精密仪器设备等不遭受损坏，确保建筑结构和人民生命财产在强地震中的安全。

（4）对于重要的建筑物进行隔震加固，其造价一般比传统抗震加固方法要低得多，因此具有明显的经济效益和社会效益。

8.4　消能减震房屋

消能减震是通过设置消能器来控制工程结构预期的结构变形，增大结构阻力，同时减小结构的水平和竖向地震作用，即使主体结构遭遇罕遇地震，也不会严重受损。

消能部件的置入，不改变主体承载结构的体系，又可减小结构的水平和竖向地震作用，不受结构类型和高度的限制，在新建建筑和建筑抗震加固中均可采用。

8.4.1　结构消能减震体系的特点

结构消能减震体系是把结构的某些非承重构件（如支撑剪力墙等）设计成消能杆件，或在结构物的某些部位（节点或连接）装设阻尼器，在风荷载及轻微地震作用时，这些消能杆件或阻尼器仍处于刚弹性状态，结构物仍具有足够的侧向刚度以满足正常使用要求；在强地震发生时，随着结构受力和变形的增大，这些消能杆件和阻尼器率先进入非弹性变形状态，产生较大阻尼，大量消耗输入结构的地震能量，使主体结构避免进入明显的非弹性状态并迅速衰减结构的地震反应，从而保护主体结构在强地震中免遭损失。与传统的结构抗震体系相比较，它有如下的优越性：

（1）传统的结构抗震体系是把结构的主要承重构件（梁、柱、节点）作为消能构件，地震中受损坏的是这些承重构件，承重构件受损会严重危及房屋安全。而消能减震体系则是以非承重构件作为消能构件或另设阻尼器，它们的损坏过程是保护主体结构的过程，所以是安全可靠的。

（2）震后易于修复或更换，使建筑物迅速恢复使用。

（3）可利用结构的抗侧力构件（支撑、剪力墙等）作为消能杆件，无需专设消能杆件。

（4）能有效地衰减结构的地震反应。

由于上述优越性，消能减震体系广泛应用于高层建筑的抗震、高耸构筑物（塔、架等）的抗震或抗风、单层工业厂房排架的纵向抗震及管线系统的减震保护等。

8.4.2　结构消能减震体系的分类

消能减震体系按其消能装置的不同，可分为以下四类：

（1）消能构件减震体系。消能构件减震体系是利用结构的非承重构件作为消能装置的结构减震体系，常用的消能构件有消能支撑与消能剪力墙。

1）消能支撑一般包括耗能交叉支撑、摩擦耗能支撑、耗能偏心支撑及耗能隔撑。一般支撑杆件大都用软钢制作，取材容易，屈服点适当，延性好，故有较高的消能减震性能。构件大都具有非弹性"弯曲"变形的消能减震性能，有较高抵抗疲劳破坏的能力。

2）消能剪力墙一般包括竖缝消能剪力墙、横缝消能剪力墙及周边缝消能剪力墙等。其混凝土的接缝面可以填充黏性材料或用钢筋连接。强地震时，出现非弹性的缝面错动，产生阻尼，消耗地震能量。

（2）阻尼器消能减震体系。阻尼器消能减震体系是在结构的某些部位（支撑杆件，剪力墙与边框联结处，梁、柱节点处等）装设阻尼器，如防屈曲支撑软钢阻尼器（图8-2）、挤压铅阻尼器、摩擦阻尼器（图8-3）及黏弹性阻尼器等。在强地震时，结构的这些部位发生较大变形，从而使装设在该部位的阻尼器有效发挥消能作用。

图 8-2　防屈曲支撑软钢阻尼器

图 8-3　摩擦阻尼器

（3）冲击减震。冲击减震是依靠附加的活动质量与结构之间的非完全弹性碰撞达到交换动量和耗散动能的目的，从而减小结构地震反应。

实际应用时，一般在结构的某部位（常在顶部）悬挂摆锤。结构振动时，摆锤撞击结构使结构振动衰减。另外，摆锤还兼有吸振器的功能。

（4）吸震减震。吸震减震是通过附加子结构使结构的振动发生转移，使结构的振动能量在原结构与子结构之间重新分配，从而达到减小结构振动的目的。

8.5　今后的发展趋势

传统的依赖结构延性的抗震措施是以一定的损伤为代价减小地震反应，应用减震消能技术则可以减小结构本身的损伤，对各类结构基本上都能使用，其减震效果对地面运动特性的依赖性较小，耗资也不是很大，因此是可以广泛使用的方法。值得注意的是，增大阻尼在减小结构相对位移反应和变形的过程中有时会使结构的绝对速度和加速度增大，从而对内部的设备和人员带来某些不利影响。

基础隔震对在短周期内地面运动影响下的中短周期结构而言，其减震效果比消能技术更好，但对地面运动输入特性比较敏感，不能完全消除共振的危险性。半主动控制和混合控制方法可以满足不同的设防要求，对地面运动和结构本身不确定性的适应能力更强，可以提高结构在地震作用下的安全性，引入智能元件以后，效果会更好，因此是值得重视的新领域。此外，还应在不同学科和专业之间开展合作和交叉研究，开发使用的装置、机构和配套技术应尽快形成新的产业，以支持新技术的推广应用。结构振动控制的研究和应用需要将传统的建造技术与高新技术相结合，使结构的安全保障系统成为智能结构的重要组成部分，为人类营造一个更加安全舒适的工作和生活环境。

本项目小结

抗震在各类工程结构中的重要性是不言而喻的，如何才能达到较好的抗震效果，并且又具有良好的经济效益，是从事此行业的工程师们要面对的重要问题之一。本项目主要从结构的构造方面阐述了隔震和消能减震的措施，一般情况下，隔震和消能减震技术主要用在承受动力荷载的结构上，具体的做法要与结构形式紧密结合，以期达到最佳效果。

能力拓展训练题

一、思考题

1. 什么是隔震？

2. 什么是消能减震？

3. 隔震技术的应用范围和使用条件有哪些？

4. 结构消能减震体系的工程应用有哪些？

二、练习题

【背景】根据当地实际工程结构中所采用的隔震或消能减震技术做法，理解隔震或消能减震技术对结构的影响和意义，对各类不同做法进行归类、总结。

参 考 文 献

[1] 中华人民共和国住房和城乡建设部，中华人民共和国国家质量监督检验检疫总局. GB 50011—2010 建筑抗震设计规范 [S]. 北京：中国建筑工业出版社，2010.

[2] 上海市建设和交通委员会. DG/TJ 08—32—2008 高层建筑钢结构设计规程 [S]. 北京：中国建筑工业出版社，2008.

[3] 龚思礼. 建筑抗震设计手册 [M]. 2版. 北京：中国建筑工业出版社，2002.

[4] 李国强，李杰，等. 建筑结构抗震设计 [M]. 2版. 北京：中国建筑工业出版社，2009.

[5] 中华人民共和国住房和城乡建设部 GB 50010—2010 混凝土结构设计规范 [S]. 北京：中国建筑工业出版社，2011.

[6] 国家标准建筑抗震设计规范管理组. 建筑抗震设计规范（GB 50011—2010）统一培训教材 [M]. 北京：地震出版社，2010.

[7] 郭继武. 建筑抗震设计 [M]. 3版. 北京：中国建筑工业出版社，2011.

[8] 朱炳寅. 建筑抗震设计规范应用与分析 GB 50011—2010 [M]. 北京：中国建筑工业出版社，2011.

[9] 祝英杰. 结构抗震设计 [M]. 北京：北京大学出版社，2009.

[10] 李艳霞. 隔震和消能减震技术的应用 [J]. 中国公路. 2012（20）：120.

[11] 周俐俐. 多层钢筋混凝土框架结构设计实用手册——手算与 PKPM 应用 [M]. 北京：中国水利水电出版社，2012.